常用電子量測儀器原理

作者　孫航永

序言

　　只要是電機、電子相關領域的學生及專業人士，應該都有機會使用各種電子量測儀器。本書共分七章，第一章是一些基礎概念，第二至七章分別介紹六種最常用的電子量測儀器的原理，包括三用電表、訊號產生器、示波器、頻譜分析儀、邏輯分析儀與頻率計數器。

　　早期的量測儀器均以類比電路製作，隨著數位電子技術的進步，數位化的量測儀器已成為市場的主流。為了讓讀者了解量測技術的演進，在本書中，我們除了說明數位式量測儀器的原理外，也會利用少許篇幅介紹傳統的類比式量測儀器。

　　本書並非針對某種廠牌或型號的儀器所撰寫的操作說明，而是從訊號處理的觀點來解釋各種量測儀器的原理。根據筆者多年使用量測儀器的經驗，如果能夠對量測儀器的原理有基本的了解，在學習使用儀器時會比較容易上手，畢竟量測儀器的構造不像電風扇及電燈等家電用品那麼簡單，往往必須對其原理有基本的了解，才能充分發揮其功能。

　　本書除了有關取樣定理、示波器探針與數位式頻譜分析儀的章節會用到基本的電路分析和訊號處理運算外，大部分的內容都未涉及太過繁難的數學，非常淺顯易懂。有關專有名詞的翻譯，大部分是以國立編譯館所公佈的為準，少部分則依循一般的使用習慣。

　　由於本書是從訊號處理的觀點來解釋各種量測儀器的原理，

因此不但適用於所有廠牌的儀器，相信在未來很長的一段時間
內，其內容應該都是正確而可用的。豐富的插圖(全書共百餘幅)，
有助讀者了解較抽象的觀念。

　　本書介紹的儀器都是電機電子領域中最常用的，無論對大專
院校相關科系學生或是電機電子領域的專業人士，都有參考價值。

　　本書的撰寫過程雖力求完善，但仍恐有疏誤之處，讀者如對
本書的內容有任何意見，歡迎來信，作者的郵寄地址為台北郵局
26-1034 信箱。

孫航永　謹誌

目錄

第一章

一些基礎概念

　　在介紹電子量測儀器的原理之前，我們先複習一些基礎概念，包括傅立葉分析法、類比訊號的數位化以及取樣定理等。其中傅立葉分析法與其相關數學表示式將有助於我們了解頻譜分析儀的原理。此外，由於目前許多三用電表、示波器甚至頻譜分析儀都已採用數位方式設計，對這些量測儀器來說，待測訊號的數位化是整個量測過程中最基本而重要的一環，因此要了解這些量測儀器的原理，就必須先了解類比訊號數位化的過程以及取樣定理。

1.1 傅立葉分析法

　　傅立葉分析法是一種分析電子訊號非常有用的方法。常見的電子訊號表示法有時域(time domain)表示法及頻域(frequency domain)表示法兩種，時域表示法是指我們直接利用數學函數來表示訊號電壓隨時間變化的情形，至於頻域表示法則可以讓我們了解訊號含有哪些頻率成分(frequency component)以及各頻率成分的大小。訊號的頻域表示法可由其時域表示法計算推導而得，而我們所採用的推導方法就是傅立葉分析法。傅立葉分析法包括傅立葉級數(Fourier series)與傅立葉轉換(Fourier transform)的計算，通常我們利用傅立葉級數來表示週期性(periodic)訊號，至於傅立葉轉換則多用於非週期性暫態(transient)訊號的分析。

1.1.1 傅立葉級數

　　假設 f(t) 為一週期性訊號，其週期為 T，則 f(t) 的傅立葉級數

可以表示為

$$f(t) = a_0 + \sum_{n=1}^{\infty} \left(a_n \cos \frac{2n\pi t}{T} + b_n \sin \frac{2n\pi t}{T} \right) \tag{1.1}$$

其中 a_0、a_n 與 b_n 為傅立葉係數(Fourier coefficient),其值可利用下面的公式計算出來

$$a_0 = \frac{1}{T} \int_{-T/2}^{T/2} f(t)dt$$

$$a_n = \frac{2}{T} \int_{-T/2}^{T/2} f(t) \cos \frac{2n\pi t}{T} dt, n = 1,2,3... \tag{1.2}$$

$$b_n = \frac{2}{T} \int_{-T/2}^{T/2} f(t) \sin \frac{2n\pi t}{T} dt, n = 1,2,3...$$

若 $f(t)$ 為一週期為 T 的方波(square wave)訊號,如圖 1-1 所示,則其傅立葉係數為

$$a_0 = 0$$

$$a_n = 0$$

$$b_n = \frac{2}{n\pi} - \frac{2}{n\pi} \cdot \cos(n\pi)$$

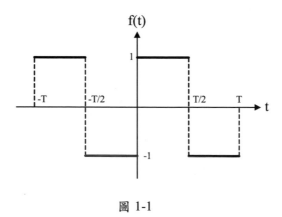

圖 1-1

因此，f(t) 的傅立葉級數可以表示為

$$f(t) = 1.2732 \sin\left(\frac{2\pi t}{T}\right) + 0.4244 \sin\left(\frac{2\pi t}{T/3}\right) + 0.2546 \sin\left(\frac{2\pi t}{T/5}\right) + \cdots$$

表 1-1

$b_1 = 1.2732$	$b_3 = 0.4244$	$b_5 = 0.2546$
$b_7 = 0.1819$	$b_9 = 0.1415$	$b_{11} = 0.1157$
$b_{13} = 0.0979$	$b_{15} = 0.0849$	$b_{17} = 0.0749$

其中第一項為一週期為 T 的正弦波(sine wave)訊號，稱為基頻
(fundamental frequency)訊號。第二項為一週期為 T/3 的正弦波訊
號，由於其頻率為基頻訊號的三倍，因此稱為三次諧波(third
harmonic)訊號。同理，第三項為五次諧波(fifth harmonic)訊號。
表 1-1 為 f(t) 的傅立葉級數中前九項的傅立葉係數(當 n 為偶數
時，$b_n = 0$)。圖 1-2(a)、圖 1-2(b)與圖 1-2(c)分別為將 f(t) 的前兩
項、前四項與前九項諧波訊號(均含基頻訊號)組合而成的訊號波
形，很明顯的，諧波訊號的數目愈多，我們所得到的結果與方波
訊號的波形愈接近。理論上，f(t) 是由無限多個諧波訊號組合而
成，其訊號頻寬(bandwidth)為無限大，實際上，由於愈高頻的諧
波訊號位準愈低(n 愈大，b_n 愈小)，因此通常我們可以忽略較高頻
(例如 n > 1000)的諧波訊號。

如前所述，我們利用傅立葉級數來表示週期性訊號的目的是
要了解訊號中含有哪些頻率成分以及各頻率成分的大小。以 f(t)
為例，其傅立葉級數中的每一項均對應於一正弦波訊號，如果將

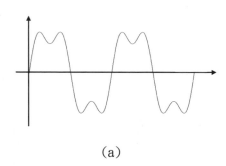

（a）

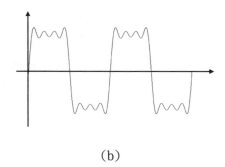

（b）

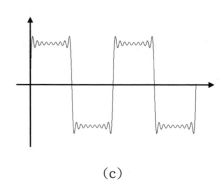

（c）

圖 1-2

這些正弦波訊號的位準對頻率作圖，就可以得到 f(t) 的頻譜 (spectrum)，如圖 1-3 所示。

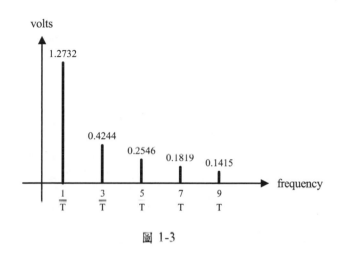

圖 1-3

1.1.2 傅立葉轉換

傅立葉級數只能用來分析週期性訊號。如果我們想要了解非週期性暫態訊號的頻域特性，就必須採用另一種分析法，也就是傅立葉轉換。假設 x(t) 為一非週期性的暫態訊號，則其傅立葉轉換為

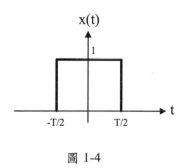

圖 1-4

$$X(f) = \int_{-\infty}^{\infty} [x(t) \cdot \exp(-j2\pi ft)]dt \qquad (1.3)$$

以圖 1-4 的脈衝(pulse)訊號 x(t) 為例，其傅立葉轉換為

$$X(f) = \int_{-T/2}^{T/2} [1 \cdot \exp(-j2\pi ft)]dt$$

$$= \frac{1}{(-j2\pi f)} \exp(-j2\pi ft) \Big|_{-T/2}^{T/2}$$

$$= \frac{T}{\pi fT} \sin(\pi fT) = T\text{sinc}(fT)$$

其中 $\text{sinc}(x) \equiv \sin(\pi x)/\pi x$。X(f) 隨頻率變化的情形如圖 1-5 所示，由此圖可以看出，脈衝訊號 x(t) 的頻譜 X(f) 是頻率 f 的連續函數，這和前述週期性訊號 f(t) 的頻譜僅包含基頻與諧波成分不同。雖然理論上脈衝訊號 x(t) 的頻寬為無限大，不過由於頻率愈高，X(f) 的值愈接近零，因此實際上我們可以將 x(t) 視為一有限頻寬的訊號而不會造成太大的誤差。

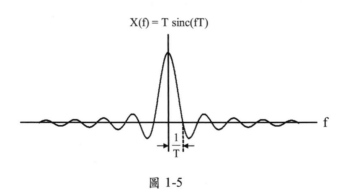

圖 1-5

1.1.3 離散傅立葉轉換

雖然傅立葉級數與傅立葉轉換都是分析電子訊號非常有用的方法，但由於必須以人工方式計算與分析，因此不但費時，也不適用於波形較複雜的訊號。隨著數位電子技術的進步，電子計算機的功能愈來愈強，為了充分利用電子計算機的運算能力幫助我們分析波形較複雜的訊號，離散傅立葉轉換(Discrete Fourier transform, DFT)相關技術便被發展出來。由於我們必須先將類比訊號數位化，才能利用電子計算機分析其頻域特性(換言之，電子計算機所處理的是離散時間訊號(discrete time signal)而非連續時間訊號(continuous time signal))，因此利用這種方法計算出來的結果稱為離散傅立葉轉換。

1.2 類比訊號的數位化

類比訊號的數位化(digitization)是一應用很廣的技術。以和我們的日常生活息息相關的語音通信系統為例，由發話端送出的類比語音訊號在進入數位電信網路(digital telecommunication network)之前，都會先轉換成數位語音訊號，一旦傳送至受話端，這些數位語音訊號又會還原成類比訊號。因為人類所能感知的聲音是類比的物理量，而數位電信網路的效率及性能都比傳統的類比電信網路好，所以將類比語音訊號數位化以及將數位語音訊號還原成類比訊號幾乎是目前所有的語音通信系統必備的功能。類比訊號的數位化包括取樣(sampling)與類比/數位轉換(A/D conversion)兩個步驟，這兩個步驟分別由取樣電路(sampling circuit)與類比/數位轉換器(A/D converter)完成，如圖1-6所示。

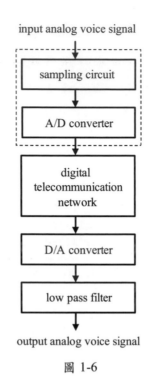

input analog voice signal

sampling circuit

A/D converter

digital
telecommunication
network

D/A converter

low pass filter

output analog voice signal

圖 1-6

1.2.1 取樣

　　圖 1-7 所示為取樣電路，此電路主要是由取樣開關(sampling switch)、放電開關(discharging switch)與電容構成。當取樣開關導

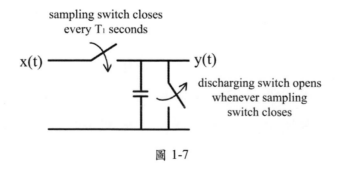

sampling switch closes
every T₁ seconds

x(t)　　　　　　　　　y(t)

discharging switch opens
whenever sampling
switch closes

圖 1-7

通時，放電開關不導通，當取樣開關不導通時，放電開關導通。
當取樣開關導通時，取樣電路的輸出電壓與其輸入電壓相同，而
當取樣開關不導通時，輸出電壓會因放電開關的作用而變為零。

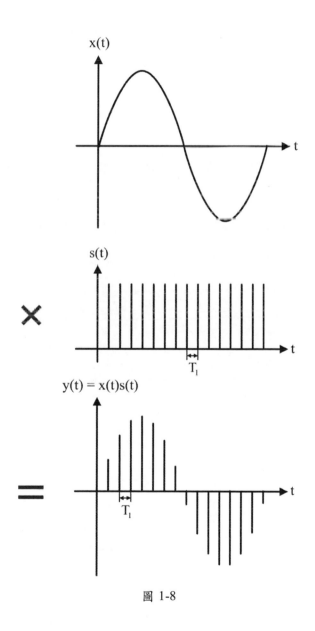

圖 1-8

假設取樣電路的輸入訊號 $x(t)$ 為一正弦波訊號，且取樣開關每隔 T_1 秒導通一次，則輸入訊號 $x(t)$ 與輸出訊號 $y(t)$ 間的關係可以表示為

$$y(t) = x(t) \cdot s(t)$$

其中 $s(t) = \sum_{k=-\infty}^{\infty} \delta(t - kT_1)$ 為週期為 T_1 的取樣函數 (sampling function)，$x(t)$ 與 $y(t)$ 的波形如圖 1-8 所示。

1.2.2 類比/數位轉換

　　類比訊號數位化的第二個步驟是類比/數位轉換。假設取樣電路輸入(以及輸出)訊號的範圍為 -1.6V ～ 1.6V，而我們使用的是 4 位元的類比/數位轉換器，則 -1.6V ～ 1.6V 的輸入訊號範圍將被劃分成 $2^4 = 16$ 等分。若取樣電路的輸出電壓(也就是類比/數位轉換器的輸入電壓)界於 0V 和 0.2V 之間，則類比/數位轉換器的輸出

表 1-2

A/D converter input	↔	A/D converter output	A/D converter input	↔	A/D converter output
-1.6 ～ -1.4V		0000	0 ～ 0.2V		1000
-1.4 ～ -1.2V		0001	0.2 ～ 0.4V		1001
-1.2 ～ -1.0V		0010	0.4 ～ 0.6V		1010
-1.0 ～ -0.8V		0011	0.6 ～ 0.8V		1011
-0.8 ～ -0.6V		0100	0.8 ～ 1.0V		1100
-0.6 ～ -0.4V		0101	1.0 ～ 1.2V		1101
-0.4 ～ -0.2V		0110	1.2 ～ 1.4V		1110
-0.2 ～ 0V		0111	1.4 ～ 1.6V		1111

為 1000，若取樣電路的輸出電壓界於 0.2V 和 0.4V 之間，則類比/數位轉換器的輸出為 1001，表 1-2 為此類比/數位轉換器的輸入與輸出間的關係。

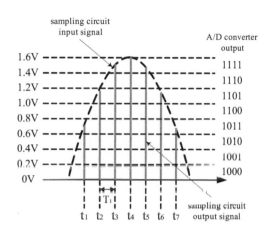

圖 1-9

　　假設圖 1-9 中的虛線為取樣電路的輸入訊號，當 $t = t_1$ 時，取樣電路的輸出電壓界於 0.6V 和 0.8V 之間，因此類比/數位轉換器的輸出為 1011，當 $t = t_2$ 時，取樣電路的輸出電壓界於 1.0V 和 1.2V 之間，因此類比/數位轉換器的輸出為 1101，依此類推，在 $t_1 \leq t \leq t_7$ 這段期間，類比/數位轉換器的輸出依序為 1011 1101 1111 1111 1111 1101 1011。

　　類比/數位轉換器可以將類比訊號數位化，而如果我們想將數位訊號還原成類比訊號，就必須利用數位/類比轉換器(D/A converter)。數位/類比轉換器的作用和類比/數位轉換器剛好相

反。表 1-2 為 4 位元類比/數位轉換器的輸入與輸出間的關係，而

表 1-3

D/A converter input	↔	D/A converter output	D/A converter input	↔	D/A converter output
0000		-1.5V	1000		0.1V
0001		-1.3V	1001		0.3V
0010		-1.1V	1010		0.5V
0011		-0.9V	1011		0.7V
0100		-0.7V	1100		0.9V
0101		-0.5V	1101		1.1V
0110		-0.3V	1110		1.3V
0111		-0.1V	1111		1.5V

與此類比/數位轉換器對應的 4 位元數位/類比轉換器的輸入與輸出間的關係則如表 1-3 所示。由表 1-2 與表 1-3 可知，如果類比/數位轉換器的輸出為 1010，則其輸入訊號大小可能為 0.4V 和 0.6V 之間的任意值，然而，如果數位/類比轉換器的輸入為 1010，其輸出訊號大小卻是固定的 (0.5V)，因此，當我們利用數位/類比轉換器將一數位訊號還原成類比訊號時，所得到的結果與數位化前的類比訊號間可能有些微的差異，不過為了簡化相關的說明，在本書往後的章節裡，我們都將假設數位/類比轉換器的輸出訊號與類比/數位轉換器的輸入訊號 (也就是取樣電路的輸出訊號) 相同。

1.2.3 取樣電路輸出訊號的傅立葉轉換

在說明取樣定理之前，我們先推導取樣電路輸出訊號的傅立

14

葉轉換。假設圖 1-7 中取樣電路輸入訊號 x(t) 的傅立葉轉換為
X(f)，由於其輸出訊號 y(t) 相當於 x(t) 與取樣函數 s(t) 之積，根據
傅立葉轉換與卷積運算(convolution)的特性，將 X(f) 與取樣函數
s(t) 的傅立葉轉換 S(f) 作卷積運算，所得結果即為取樣電路輸出訊
號 y(t) 的傅立葉轉換 Y(f)，即

$$Y(f) = X(f) * S(f)$$

$$= \int_{-\infty}^{\infty} [X(f-\tau) \cdot S(\tau)] d\tau$$

$$= \int_{-\infty}^{\infty} \left\{ X(f-\tau) \cdot [\frac{1}{T_1} \sum_{k=-\infty}^{\infty} \delta(\tau - kf_1)] \right\} d\tau$$

將積分運算與累加運算的順序對調，可得

$$Y(f) = \frac{1}{T_1} \sum_{k=-\infty}^{\infty} \int_{-\infty}^{\infty} X(f-\tau)\delta(\tau - kf_1) d\tau$$

$$= \frac{1}{T_1} \sum_{k=-\infty}^{\infty} X(f - kf_1) \tag{1.4}$$

在上面的推導過程中，我們引用了取樣函數的傅立葉轉換表示式
(即 $S(f) = \frac{1}{T_1} \sum_{k=-\infty}^{\infty} \delta(f - kf_1)$，其中 $f_1 = \frac{1}{T_1}$)，關於此式的由來，可參
考本書附錄。

1.3 取樣定理

在數位語音通信系統中，發話端的類比語音訊號經過取樣與
類比/數位轉換後，變成數位訊號，當這些數位訊號經由數位電信
網路傳送至遠方受話端，又還原成類比訊號。為了儘量減少還原

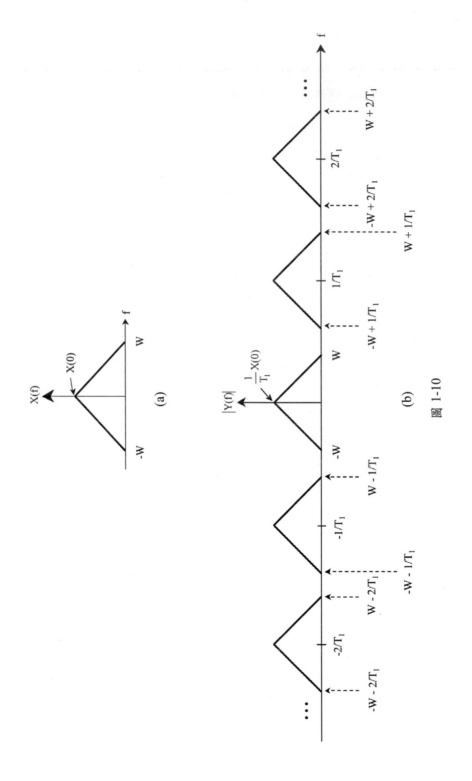

圖 1-10

後的類比訊號與數位化前的類比訊號間的差異，我們在設計相關電路時就必須遵循一些原則，其中最基本而重要的就是取樣定理(sampling theorem)。假設圖 1-6 中取樣電路輸入訊號的傅立葉轉換如圖 1-10(a)所示(換言之，其頻寬為 W)，則根據取樣定理，取樣頻率 $f_1 (=1/T_1)$ 必須大於 2W，才不會造成頻率混疊(frequency aliasing)的現象。由於在圖 1-6 中，數位/類比轉換器的輸出訊號與取樣電路的輸出訊號相同，因此若 $1/T_1>2W$，數位/類比轉換器輸出訊號的傅立葉轉換應如圖 1-10(b)所示，只要低通濾波器(low pass filter)的截止頻率(cutoff frequency)界於 W 和 $1/T_1 - W$ 之間，其輸出訊號就會與取樣電路的輸入訊號相同。相反的，如果 $1/T_1 < 2W$，數位/類比轉換器輸出訊號的傅立葉轉換將如圖 1-11 所示，在這種情況下，無論低通濾波器的截止頻率為何，我們都無法再得到與取樣電路輸入訊號一樣的類比訊號，這就是所謂的頻率混疊現象。

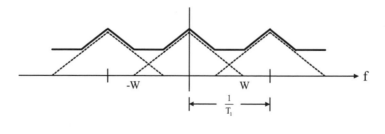

圖 1-11

由於數位語音通信系統的取樣頻率是固定的(8 kHz)，因此根據取樣定理，取樣電路的輸入語音訊號頻寬應小於 4 kHz。通常語音訊號的能量多分布於 300 Hz ~ 4000 Hz 的頻率範圍內,但仍有少部分在此頻率範圍外,因此在對語音訊號取樣之前我們必須利用低通濾波器將其中頻率大於 4 kHz 的成分濾掉(圖 1-6 中並未畫出)。

第一章習題

1. 傅立葉級數與傅立葉轉換都是用來分析訊號頻域特性的方法，這兩種方法適合分析的訊號有何不同？

2. 圖 1-1 中的方波訊號是由無限多個諧波訊號組合而成，其中基頻訊號的位準為 1.2732 V，三次諧波訊號的位準為 0.4244 V，五次諧波訊號的位準為 0.2546 V，頻率愈高，諧波訊號的位準愈低。假設 m 次諧波訊號的位準小於 0.01 V，試求 m 的最小值。

3. 類比訊號的數位化包括取樣與類比/數位轉換兩個步驟，這兩個步驟分別由取樣電路與類比/數位轉換器完成。假設取樣電路的輸入訊號與輸出訊號如圖 e1-3 所示(取樣時間間隔為 T_1)，且類比/數位轉換器的輸入與輸出間的關係如表 1-2 所示，試求在 $t_1 \leq t \leq t_7$ 這段期間，類比/數位轉換器的輸出。

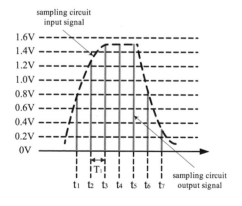

圖 e1-3

4. 在數位語音通信系統(圖 1-6)中，發話端的類比語音訊號經過取樣與類比/數位轉換後，變成數位訊號，當這些數位訊號經由數位電信網路傳送至遠方受話端，又還原成類比訊號。假設發話端取樣電路的取樣頻率為 8kHz，根據取樣定理，我們應該如何限制取樣電路輸入訊號的頻寬？

第二章

三用電表

2.1 類比式電表

　　在介紹數位式三用電表之前，我們先簡單的回顧一下傳統的類比式電表。常見的類比式電表包括類比電流計、類比電壓計與類比歐姆計。由於類比電壓計與類比歐姆計都是以類比電流計為基礎所設計的，所以類比電流計可說是所有類比式電表的核心。

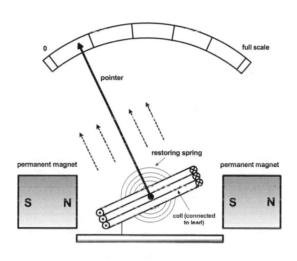

圖 2-1

2.1.1 類比電流計

　　圖 2-1 為類比電流計(galvanometer)的構造。由引線(lead)流入的待測電流流過環形線圈(coil)，使環形線圈中產生一磁場，根據電磁學定律，此磁場的方向如圖中的虛線所示(我們以⊗和⊙兩符號來表示環形線圈中的電流方向，⊗表流入紙面，⊙表流出紙面)。由於磁場與環形線圈兩側的永久磁鐵(permanent magnet)相互

作用，使環形線圈依順時針方向轉動，連帶使指針(pointer)向右偏轉(指針固定在環形線圈上)，環形線圈中的電流(即待測電流)愈大，此電流造成的磁場愈強，環形線圈與永久磁鐵間的磁作用力也愈強，指針偏轉得愈多，當待測電流消失，環形線圈與永久磁鐵間的磁作用力也隨之消失，此時環形線圈會因恢復彈簧(restoring spring)的作用回到起始位置。由於待測電流愈大，指針偏轉得愈多，因此搭配適當的刻度(scale)，我們就可以利用這種方法來測量電流。類比電流計以指針顯示測量結果，往往不同的測試人員對同一測量結果的判讀會不一樣，此為類比電流計(以及其他類比式電表)最大的缺點。

2.1.2 類比電壓計

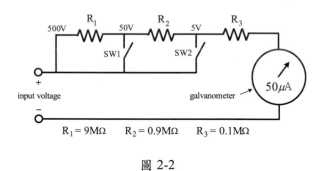

圖 2-2

　　類比電壓計(analog voltmeter)是以類比電流計為核心，外加若干電阻而成，其電路如圖 2-2 所示。由於輸入電壓愈大，流經類比電流計的電流愈大，指針也偏轉得愈多，因此配合適當的刻度，我們就可以利用這種方法來測量電壓。圖 2-2 中的電阻 R_1、R_2 和 R_3 為類比電壓計的輸入電阻，其主要功能為限制流經類比電流計的電流大小，由於類比電流計只能承受一定大小的電流，因此類比電壓計的量測範圍愈大，其輸入電阻值就應愈大。假設此類比電壓計共有 5V、50V 及 500 V 三種量測範圍，且類比電流計所能承受的最大電流為 50 μA。當我們將量測範圍設定為 500V 時，兩開關(SW1 及 SW2)均不導通，因此輸入電阻為 $R_1 + R_2 + R_3 = 10M\Omega$；當量測範圍為 50V 時，開關 SW1 導通，開關 SW2 不導通，輸入電阻為 $R_2 + R_3 = 1M\Omega$；而當量測範圍為 5V 時，開關 SW1 不導通，開關 SW2 導通，輸入電阻為 $R_3 = 0.1M\Omega$。不論量測範圍為何，流經類比電流計的電流都不會超過 50 μA。當量測範圍較小時，類比電壓計的輸入電阻往往不夠大，以圖 2-2 為例，當量測範圍為 5V 時，輸入電阻只有 100 kΩ，對電壓計來說，這麼小的輸入電阻很容易產生負載效應(loading effect)，造成量測的誤差。

2.1.3 類比歐姆計

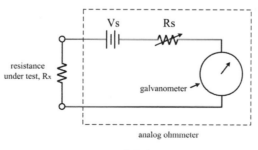

圖 2-3

　　和類比電壓計一樣，類比歐姆計(analog ohmmeter)也是以類比電流計為基礎所設計的，其電路如圖 2-3 所示，其中 V_S 是由類比歐姆計產生的測試直流電壓，R_S 為其內部電阻。根據歐姆定律，流經類比電流計的電流大小為 $I_X = V_S/(R_S + R_X)$，待測電阻(resistance under test) R_X 愈大，流經類比電流計的電流愈小，指針也偏轉得愈少，因此配合適當的刻度，我們就可以利用這種方法來測量電阻。由於類比歐姆計的指針偏轉量與待測電阻的大小之間並沒有線性的關係，因此通常我們很難將待測電阻的精確值讀出，由圖 2-4 可知，待測電阻愈大，這種現象愈明顯。

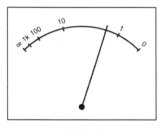

圖 2-4

2.2 數位式三用電表

　　數位式三用電表(digital multimeter, DMM)可用來量測電壓、電流與電阻，其電流與電阻量測電路都是以其電壓量測電路為基礎所設計的。以下我們將說明數位式三用電表測量直流與交流電壓、直流電流與直流電阻的原理。

2.2.1 直流電壓的量測

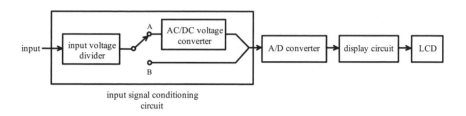

圖 2-5

數位式三用電表的電壓量測電路(voltage measuring circuit)是由輸入訊號調節電路(input signal conditioning circuit)、類比/數位轉換器、顯示器電路(display circuit)與液晶顯示器(liquid crystal display, LCD)構成，如圖 2-5 所示。其中輸入訊號調節電路又包括輸入分壓器(input voltage divider)以及交/直流電壓轉換器(AC/DC voltage converter)。當待測電壓為直流電壓時，圖中的開關與 B 點相接，當待測電壓為交流電壓時，開關與 A 點相接，換言之，只有當待測電壓為交流電壓時，交/直流電壓轉換器才會發揮作用。以下我們以直流電壓的量測為例，說明圖 2-5 中各部分電路的功能。

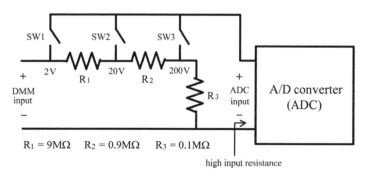

圖 2-6

2.2.1.1 輸入分壓器

　　大部分的數位式三用電表都有數個不同的電壓量測範圍供使用者選擇設定。由於數位式三用電表中的類比/數位轉換器只能接受 5V 以下的輸入電壓，因此我們必須利用輸入分壓器將較大的輸入電壓衰減，使其大小落在類比/數位轉換器所能接受的範圍內，才不會損壞電表。假設某數位式三用電表共有 2V、20V 及 200V 三種直流電壓量測範圍，其中類比/數位轉換器的滿刻度(full scale)輸入電壓為 2V。圖 2-6 為此電表的輸入分壓器電路。當我們將量測範圍設定為 200V 時，僅開關 SW3 導通，因此輸入分壓器的分壓比為

$$\frac{R_3}{R_1+R_2+R_3}=\frac{0.1M\Omega}{9M\Omega+0.9M\Omega+0.1M\Omega}=\frac{1}{100}$$

若量測範圍為 20V，僅開關 SW2 導通，因此輸入分壓器的分壓比為

$$\frac{R_2+R_3}{R_1+R_2+R_3}=\frac{0.9M\Omega+0.1M\Omega}{9M\Omega+0.9M\Omega+0.1M\Omega}=\frac{1}{10}$$

而當量測範圍為 2V 時，僅開關 SW1 導通，因此輸入分壓器的分壓比為

$$\frac{R_1+R_2+R_3}{R_1+R_2+R_3}=\frac{1}{1}$$

不論選擇的電壓量測範圍為何，類比/數位轉換器的最大輸入電壓均為 2V。此外，由於類比/數位轉換器的輸入電阻很高，因此數位式三用電表的輸入電阻不會因為量測範圍不同而改變(均為 $R_1+R_2+R_3 = 10M\Omega$)。

2.2.1.2 類比/數位轉換器

　　雙斜率型類比/數位轉換器(dual slope A/D converter)是一種常用於數位式三用電表的類比/數位轉換器，其電路如圖2-7所示。

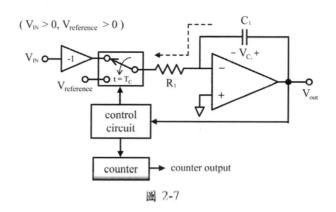

圖 2-7

　　當 $t = 0$ 時，電容器 C_1 的端電壓 V_{C_1} 為零，此時反相的輸入電壓 $(-V_{IN}, V_{IN} > 0)$ 連接到積分器的輸入端，此電壓造成一大小為 V_{IN}/R_1 的電流(電流方向如圖 2-7 中的虛線所示)，同時對電容器 C_1 充電。從 $t = 0$ 開始，電容器的端電壓可以表示為

$$V_{C_1}(t) = V_{IN} \cdot t/R_1C_1$$

當 $t = T_C$ 時，輸入參考電壓 $V_{reference}$ 連接到積分器的輸入端，同時造成一大小為 $V_{reference}/R_1$ 的電流，由於此電流的方向與前述電流相反，因此電容器開始放電，而在單位時間內電容器的端電壓會減少 $V_{reference}/R_1C_1$。當 $t = T_C$ 時，電容器的端電壓為 $V_{C_1}(T_C) = V_{IN}T_C/R_1C_1$，從 $t = T_C$ 開始，電容器的端電壓可以表示為

$$V_{C_1}(t) = [V_{IN}T_C - V_{reference} \cdot (t-T_C)]/R_1C_1$$

假設經過一段時間 T_D 後(即當 $t = T_C + T_D$ 時)，電容器的端電壓因放

29

電作用而變為 0，則由 $V_{C_1}(T_C+T_D) = 0$ 可以計算出 $T_D = V_{IN}T_C/V_{reference}$。因為充電時間 T_C 與參考電壓 $V_{reference}$ 均為定值，所以電容器的放電時間 T_D 完全由輸入電壓 V_{IN} 的大小決定，換言之，測量 T_D 就相當於測量輸入電壓 V_{IN}。我們可以利用圖2-7中的計數器(counter)來測量 T_D，當 $t = T_C$ 時，控制電路(control circuit)送出控制訊號，使輸入參考電壓 $V_{reference}$ 連接到積分器的輸入端，

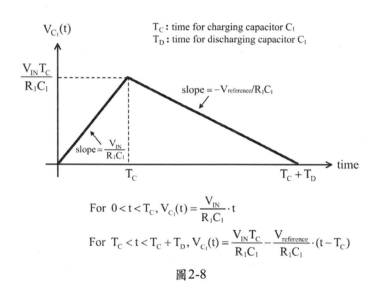

圖2-8

同時計數器開始計數，一旦電容器的端電壓(也就是圖2-7中的 V_{out})因放電作用變為 0，控制電路又會送出控制訊號，使計數器停止計數，計數結果(與輸入電壓 V_{IN} 間的關係為線性)即為雙斜率型類比/數位轉換器的輸出。在上述充放電的過程中，電容器端電壓隨時間變化的情形如圖2-8所示，雙斜率型類比/數位轉換器的名稱即由此而來。

2.2.1.3 顯示器電路與液晶顯示器

　　顯示器電路的主要功能是根據輸入分壓器的分壓比調整類比/數位轉換器的輸出。在前面的例子中，不論我們將數位式三用電表的量測範圍設定為 2V、20V 或 200V，類比/數位轉換器的最大輸入電壓均為 2V，因此當量測範圍為 20V 時，顯示器電路必須將類比/數位轉換器的輸出乘以 10，當量測範圍為 200V 時，必須將其輸出乘以 100，才能得到正確的結果。數位式三用電表和傳統類比式電表最明顯的差別就是它直接以數字顯示測量結果，液晶顯示器的耗電量很小，是目前最常用的顯示裝置。

2.2.2 交流電壓的量測

　　以上介紹的是數位式三用電表測量直流電壓的方法。基本上，交流電壓的量測方法與直流電壓的量測方法類似，唯一的差別是輸入分壓器的輸出(交流)電壓在數位化以前，必須先轉換成直流電壓。當我們使用數位式三用電表測量交流電壓時，電表所顯示的結果多為交流電壓的均方根值，換言之，圖 2-5 中交/直流電壓轉換器的主要功能就是將輸入分壓器輸出訊號的均方根值計算出來。交/直流電壓轉換器計算訊號均方根值的方法有均值法(average method)、峰值法(peak method)及真均方根值法(true RMS method)三種，以下我們以正弦波訊號為例分別加以說明。

2.2.2.1 均值法交/直流電壓轉換器

　　圖 2-9(a)為一週期為 T 的正弦波訊號，其振幅為 V_{peak}，如果

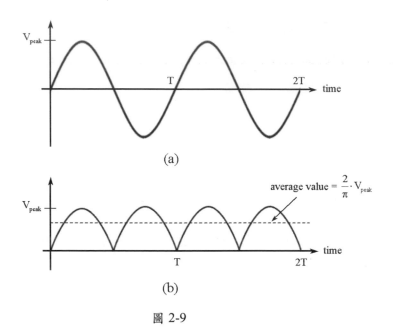

圖 2-9

純粹從數學的角度來看，這種不含直流成份的正弦波訊號的平均值應為零，不過在電子訊號量測的領域裡，通常我們會先利用全波整流器(full-wave rectifier)將此訊號整流後，再求其平均值。由於全波整流器的作用相當於數學裡的絕對值運算，因此其輸出訊號(波形如圖 2-9(b)所示)的平均值為

$$V_{average} \; = \; \frac{1}{T} \int_0^T \left| V_{peak} \cdot \sin(\frac{2\pi t}{T}) \right| dt$$

正弦波訊號經過全波整流器處理後，其週期減為原先的一半，因此我們可以將上式改寫為

$$V_{average} \; = \; \frac{1}{(T/2)} \int_0^{T/2} [V_{peak} \cdot \sin(\frac{2\pi t}{T})] dt$$

$$= \; \frac{2V_{peak}}{T} \int_0^{T/2} \sin(\frac{2\pi t}{T}) dt \; = \; \frac{2V_{peak}}{\pi}$$

換言之，全波整流器輸出訊號的平均值為其輸入正弦波訊號振幅的 $2/\pi$ 倍。由於正弦波訊號的均方根值為其振幅的 $(1/2)^{0.5}$ 倍，因此將全波整流器輸出訊號的平均值乘以 $\pi/(8)^{0.5}$，即為正弦波訊號的均方根值。圖 2-10 為均值法交/直流電壓轉換器的訊號處理流程。

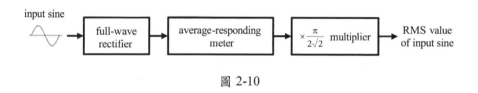

圖 2-10

2.2.2.2 峰值法交/直流電壓轉換器

利用峰值法量測正弦波訊號的均方根值與前述均值法類似。首先我們利用峰值檢測器(peak detector)記錄正弦波訊號的峰值(也就是其振幅)，由於正弦波訊號的均方根值為其振幅的 $(1/2)^{0.5}$ 倍，因此利用一乘法器(multiplier)將峰值檢測器的輸出乘以 $(1/2)^{0.5}$，即可得到正弦波訊號的均方根值，如圖 2-11 所示。

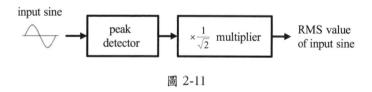

圖 2-11

2.2.2.3 真均方根值法交/直流電壓轉換器

雖然採用均值法及峰值法的數位式三用電表的電路結構比較

簡單，但其使用上的限制也較多。如前所述，採用均值法及峰值
法的數位式三用電表是分別將測得的平均值及峰值換算成均方根
值而非直接量測均方根值，這些換算的比例(對採用均值法及峰值
法的電表分別為π/(8)$^{0.5}$與(1/2)$^{0.5}$)只有在待測訊號為理想正弦波訊
號的情形下才是完全正確的，如果待測正弦波訊號含有諧波成分
或雜訊(noise)，這兩種方法就不適用。換言之，利用均值法及峰
值法設計的數位式三用電表只能用來量測理想的正弦波訊號。

　　利用真均方根值法測量交流電壓最大的優點就是不必限制待
測訊號的波形，即使待測訊號含有諧波成分或雜訊，其均方根值
也可以準確測得。這種電表的內部電路比較複雜，製作成本也比
較高。

根據定義，交流電壓 v(t) 的均方根值為

$$V_{RMS} = \sqrt{\frac{1}{T}\int_0^T v(t)^2 dt} \qquad (2.1)$$

將(2.1)式兩邊平方，可得

$$V_{RMS}^2 = \frac{1}{T}\int_0^T v(t)^2 dt \qquad (2.2)$$

(2.2)式的物理意義為：v(t)^2 的平均值即為均方根值 V_{RMS} 的平方。
如果我們以 $Avg[v(t)^2]$ 來表示 v(t)^2 的平均值，則(2.2)式可以改寫
為

$$V_{RMS}^2 = Avg[v(t)^2] \qquad (2.3)$$

將(2.3)式的兩邊同時除以 V_{RMS}，可得

$$V_{RMS} = \frac{Avg[v(t)^2]}{V_{RMS}} \qquad (2.4)$$

真均方根值法交/直流電壓轉換器就是根據(2.4)式設計的。

　　圖 2-12 為真均方根值法交/直流電壓轉換器電路。其中平方及除法器(squarer/divider)將全波整流器的輸出平方後再除以整個電路的輸出 v_{out}，而求平均值電路(averaging circuit)再將平方及除法器輸出訊號的平均值計算出來，因此圖中 A、B 兩點的訊號分別為 $|v(t)|^2/v_{out}$ 與 $Avg[|v(t)|^2/v_{out}]$。由於求平均值電路的輸出端與一增益為 1 的緩衝器相連，因此整個電路的輸出為

$$v_{out} = Avg\left[\frac{|v(t)|^2}{v_{out}}\right] \tag{2.5}$$

因為 $|v(t)|^2$ 與 $v(t)^2$ 相同，且輸出訊號 v_{out} 為一直流電壓，所以我們可以將(2.5)式改寫為

$$v_{out} = \frac{Avg[v(t)^2]}{v_{out}} \tag{2.6}$$

比較(2.6)式和(2.4)式即可知圖 2-12 中的輸出電壓 v_{out} 為輸入交流電壓 $v(t)$ 的均方根值。

2.2.3 直流電流的量測

　　為了方便說明，我們以圖 2-13(a)中的電路符號代表數位式三用電表中的電壓量測電路，將此電路與一電阻 R_p 並聯，即為電流量測電路(current measuring circuit)，如圖 2-13(b)所示。因為電阻 R_p 遠小於電壓量測電路的輸入電阻，所以待測電流(current under test)幾乎全部流過電阻 R_p，而電壓量測電路所測得的電壓就等於待測電流與電阻 R_p 之積，將此電壓除以 R_p，即為待測電流的大

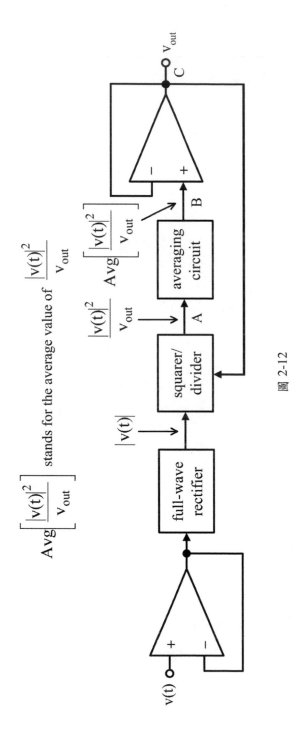

圖 2-12

小。電阻R_P愈小，電流量測電路的輸入電阻愈小，待測電路所受的影響也愈小。值得注意的是，由於電阻R_P很小，因此必須選用靈敏度(sensitivity)較佳的電壓量測電路，才能得到準確的結果。

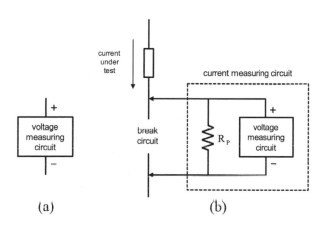

圖 2-13

2.2.4 直流電阻的量測

2.2.4.1 兩線電阻量測法

　　將數位式三用電表中的電壓量測電路與一固定電流源(constant current source)並聯，即為電阻量測電路(resistance measuring circuit)，如圖 2-14 所示。圖中 A、C 兩點間的電阻R_X為待測電阻，R_L為引線電阻，由於使用了兩條測試引線，因此稱為兩線電阻量測法(2-wire ohms measuring method)。因為電壓量測電路的輸入電阻遠比待測電阻大，所以由固定電流源產生的電流I_S 幾乎全部流向待測電阻，而電壓量測電路所測得的電壓就等於$(R_X + 2R_L) \times I_S$，將此電壓除以 I_S，即為量測結果。兩線電阻量

37

測法的測試結果為待測電阻與兩倍引線電阻串聯後的等效電阻值，而非待測電阻之值。

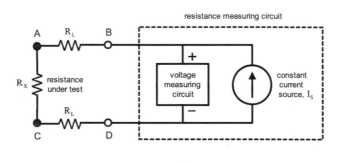

圖 2-14

假設 $R_L = 0.5\ \Omega$(通常測試引線的電阻小於 $1\ \Omega$)，如果待測電阻為 $1\ k\Omega$，則量測結果為 $1.001\ k\Omega$，只有 0.1%的誤差，如果待測電阻為 $5\ \Omega$，則量測結果為 $6\ \Omega$，誤差高達 20 %，由此可知，待測電阻愈小，量測誤差愈大。以下我們將介紹另一種比較適合測量小電阻的方法，即四線電阻量測法(4-wire ohms measuring method)。

2.2.4.2 四線電阻量測法

圖 2-15 為利用四線電阻量測法測量電阻的架構，基本上，其原理與兩線電阻量測法類似，都是使固定電流源產生的電流 I_S 流過待測電阻，再利用電壓量測電路測量待測電阻的端電壓，唯一不同的是，利用這種方法測量電阻必須使用四條測試引線，其中兩條與固定電流源相連，另兩條與電壓量測電路相連。由於和電壓量測電路相連的兩條引線上沒有電流流過(電壓量測電路的輸

入電阻很高)，因此電壓量測電路測得的電壓為待測電阻與電流 I_S 之積，將此電壓除以 I_S，即為待測電阻之值。

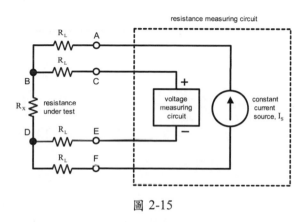

圖 2-15

第二章習題

1. 類比式電表(包括類比電流計、類比電壓計與類比歐姆計)最大的缺點為何？

2. 類比電壓計是以類比電流計為核心，外加適當大小的電阻(即類比電壓計的輸入電阻)而成。若類比電壓計的量測範圍為 20V，且其中類比電流計所能承受的最大電流為 20μA，則類比電壓計輸入電阻的大小應為何？

3. 試根據(2.1)式證明正弦波訊號 $v(t) = V_{peak}\sin(2\pi t/T)$ 的均方根值為 $V_{peak}/(2)^{0.5}$。

4. 和真均方根值法比起來，利用均值法及峰值法測量正弦波訊號均方根值最大的限制為何？

5. 兩線電阻量測法必須使用兩條測試引線。假設每條測試引線的電阻為 0.5Ω，試估算當待測電阻分別為 10Ω 與 100Ω 時的量測誤差。

第三章

訊號產生器

　　訊號產生器(signal generator)是分析電子系統特性的重要工具，幾乎所有的電子系統測試都少不了它。例如，如果我們想評估音響放大器的線性度(linearity)，可以將訊號產生器合成的正弦波訊號接到放大器的輸入端，再利用頻譜分析儀分析放大器輸出訊號的諧波失真量。早期的訊號產生器多以類比電路製作，由於數位電子技術的進步，目前幾乎所有的訊號產生器都已採用直接數位合成技術設計。在本章中，我們除了介紹直接數位合成技術外，也會利用一些篇幅介紹傳統的類比式訊號合成電路。

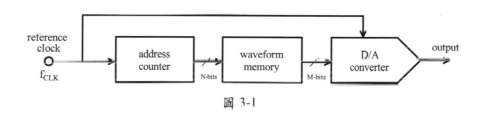

圖 3-1

3.1 直接數位合成技術
3.1.1 利用直接數位合成技術合成正弦波訊號

　　在介紹直接數位合成(direct digital synthesis)技術之前，我們先看一個比較簡單的例子。在圖 3-1 的電路中，波形記憶體(waveform memory)的容量為 $2^N \times M$ 位元，其位址匯流排的寬度為 N 位元，總共可儲存 2^N 筆資料，每筆資料的長度為 M 位元。若這 2^N 筆資料對應於一完整週期的正弦函數值，我們就可利用此電路合成正弦波訊號。為了方便說明，假設 N = 4，即波形記憶體中總共儲存了 $2^4 = 16$ 筆正弦函數值資料，這16 筆資料代表正弦函數在一個週期內的變化情形，見表 3-1。當位址計數器(address counter)的輸出為 1 時，數位/類比轉換器會將波形記憶體中的第一筆資料轉換成類比電壓，當位址計數器的輸出為 2 時，數位/類比轉換器會將波形記憶體中的第二筆資料轉換成類比電壓，依此類推，當位址計數器由 1 計數至 16，數位/類比轉換器就會輸出一完整週期的正弦波訊號，如圖 3-2 所示。由於位址計數器計數至 16 後，會繼續從 1 開始計數，因此我們可以利用這種方法產生連續的正弦波訊號。

在這個例子中，由於位址計數器和數位/類比轉換器的運作都和參考時鐘(reference clock，其頻率為 f_{CLK})同步，因此圖 3-2 中相鄰兩輸出的時間間隔 $T_{CLK} = 1 / f_{CLK}$。由圖 3-2 亦可知，輸出正弦波訊號的週期為 $T_{sine} = 2^4 \times T_{CLK}$，頻率為 $f_{sine} = 1 / T_{sine} = f_{CLK} / 2^4$。將此結果推廣，若波形記憶體中共有 2^N 筆資料，則 $f_{sine} = f_{CLK} / 2^N$，即參考時鐘頻率為輸出正弦波訊號頻率的 2^N 倍。由於參考時鐘頻率和波形記憶體中的資料筆數都是固定的，因此利用這種方法只能產生固定頻率的訊號。

表 3-1

address counter output : n	$\theta = n \times 360 / 2^4$ (degree)	$\sin (\theta)$
1	22.5	0.3827
2	45	0.7071
3	67.5	0.9239
4	90	1
5	112.5	0.9239
6	135	0.7071
7	157.5	0.3827
8	180	0
9	202.5	- 0.3827
10	225	- 0.7071
11	247.5	- 0.9239
12	270	- 1
13	292.5	- 0.9239
14	315	- 0.7071
15	337.5	- 0.3827
16	360	0

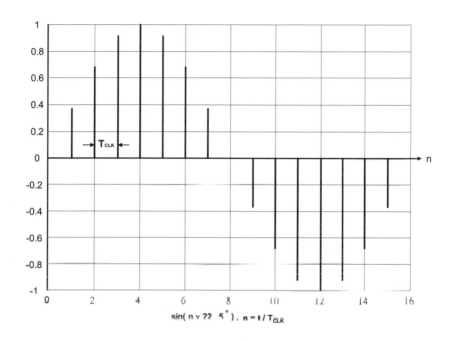

圖 3-2

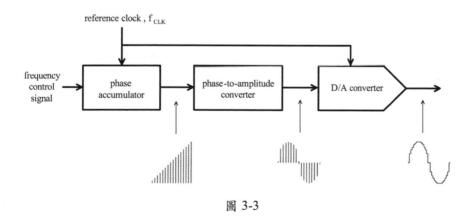

圖 3-3

　　直接數位合成技術可以利用單一參考時鐘頻率產生不同頻率
的訊號，使用上較有彈性。以下我們仍將以正弦波訊號的合成為例，說明直接數位合成技術的原理。圖 3-3 為典型的直接數位合成電路，其中相位/振幅資料轉換器(phase-to-amplitude converter)的功能與圖 3-1 中的波形記憶體相似，但和波形記憶體不同之處在於其輸入匯流排上的資料為正弦函數的相位，其輸出為對應於輸入相位的正弦函數值。至於相位累加器(phase accumulator)的功能則與圖 3-1 中的位址計數器相似，其輸出相位會隨著參考時鐘脈衝由 0° 累加，當累加至 360° 後，會繼續從 0° 累加，如此週而復始。相位累加器每次累加的相位大小取決於我們所設定的頻率控制訊號(frequency control signal)。為了方便說明，假設相位/振幅資料轉換器中總共儲存了 $2^5 = 32$ 筆正弦函數值資料，由於這 32 筆資料對應於正弦函數的一完整週期，因此相鄰兩筆資料所對應的相位差為 $360° \div 32 = 11.25°$，其中第一筆資料為 $\sin(11.25°) = 0.1951$，第二筆資料為 $\sin(2 \times 11.25°) = \sin(22.5°) = 0.3827$，依此類推，第三十二筆資料為 $\sin(32 \times 11.25°) = \sin(360°) = 0$。在圖 3-1 的電路中，波形記憶體中所有的資料都必須輸出一次，我們才能在數位/類比轉換器的輸出端得到一完整週期的正弦波訊號，然而，當我們以圖 3-3 的電路合成正弦波訊號時，只有在頻率控制訊號為 1 的情況下才會用到相位/振幅資料轉換器中所有的資料，若頻率控制訊號不為 1，則相位/振幅資料轉換器中僅有部分資料會被用來合成正弦波訊號。

　　若頻率控制訊號為 1，每當相位累加器接收到一個參考時鐘脈衝，其輸出相位便會增加 11.25°，此時相位累加器的輸出就好像是在平面座標上依逆時針方向旋轉的一向量，而此向量每次〝跳躍〞的角度為 11.25°，如圖 3-4 所示。相位/振幅資料轉換器收到這些相位資料，便會依序將儲存於其內部的正弦函數值資料輸出，例如，若收到的相位資料為 11.25°，其輸出為 $\sin(11.25°) = 0.1951$，若收到的相位資料為 22.5°，其輸出為 $\sin(22.5°) = 0.3827$，

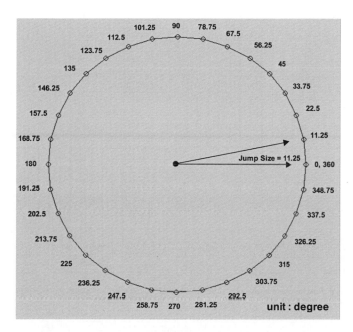

圖 3-4

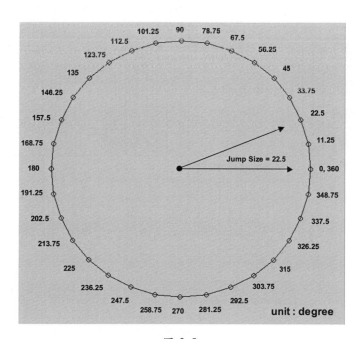

圖 3-5

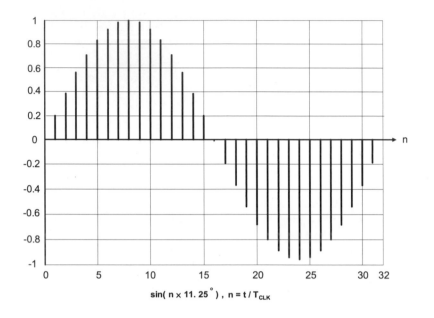

$$\sin(n \times 11.25^\circ), \ n = t / T_{CLK}$$

圖 3-6

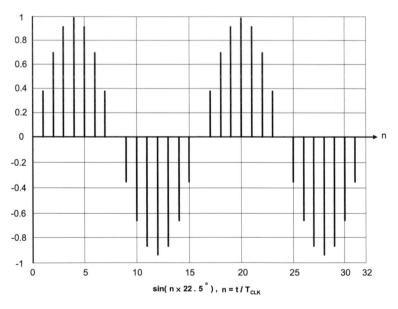

$$\sin(n \times 22.5^\circ), \ n = t / T_{CLK}$$

圖 3-7

依此類推，當相位累加器的輸出完成一次循環(相當於前述向量旋轉 360°)，我們就可以在數位/類比轉換器的輸出端得到一完整週期的正弦波訊號(見圖 3-6)。

若頻率控制訊號為 2，每當相位累加器接收到一個參考時鐘脈衝，其輸出相位便會增加 $11.25° \times 2 = 22.5°$，如果用前述旋轉向量的觀念作比喻，此向量每次〝跳躍〞的角度為 22.5°(見圖 3-5)，這表示相位累加器的輸出相位循環速度為頻率控制訊號為 1 時的二倍，同時輸出正弦波訊號的頻率亦為頻率控制訊號為 1 時的二倍(見圖 3-7)。由於相位/振幅資料轉換器中相鄰兩筆資料所對應的相位差為 11.25°，因此只會用到一半的正弦函數值資料。

將上述結果推廣，假設頻率控制訊號為 M，且相位/振幅資料轉換器中總共儲存了 2^N 筆正弦函數值資料，則相位累加器每次累加的相位大小為 $M \times (360° \div 2^N)$。由於相位累加器必須累加 $2^N/M$ 次，其輸出才能完成一次循環，且累加一次所需的時間為 $T_{CLK} = 1 / f_{CLK}$，因此輸出正弦波訊號的週期 T_{sine} 為參考時鐘週期的 $2^N/M$ 倍，即 $T_{sine} = 1/f_{sine} = (2^N/M) \times (1/f_{CLK})$，換言之，當頻率控制訊號為 M 時，輸出正弦波訊號的頻率為參考時鐘頻率的 $M/2^N$ 倍($f_{sine} = M \times f_{CLK} / 2^N$)。

3.1.2 影響輸出訊號品質的因素

在數位語音通信系統中，由電信網路傳送至受話端的數位語音訊號必須還原成類比訊號。在訊號產生器中，數位/類比轉換器會將儲存在波形記憶體裡的資料轉換為類比訊號。從訊號處理的觀點來看，這兩個例子其實是完全一樣的。在數位語音通信系統中，為了減少訊號失真，取樣電路必須依照取樣定理設計和運作，而為了能夠完整地重建訊號波形，訊號產生器的波形記憶體中必須儲存足夠的資料。以圖 3-1 的電路為例，波形記憶體中總共儲存了 16 筆正弦函數值資料，這 16 筆資料對應於正弦函數的一完整週期，如果這些資料是對頻率為 f_{sine} 的正弦波訊號取樣的結果，則取樣頻率相當於 $16 \cdot f_{sine}$，雖然這已遠超過取樣定理的要求，但資料筆數愈多，輸出訊號的品質愈好。事實上，某些訊號產生器波形記憶體中的資料甚至多達數千筆。

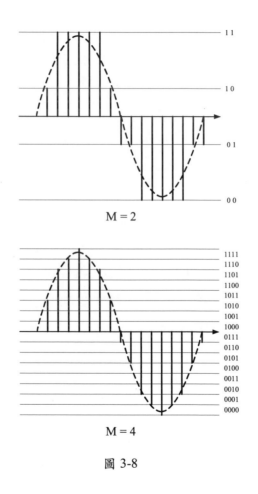

M = 2

M = 4

圖 3-8

除了波形記憶體中的資料筆數外，每一筆資料的長度也會影響輸出訊號的品質。在圖 3-1 中，波形記憶體裡每筆資料的長度為 M

位元，圖 3-8 為 M＝2 與 M＝4 時的輸出訊號波形比較，由此可知，M 愈大，輸出訊號的品質愈好。我們以 M＝2 與 M＝4 這兩種情形為例，只是為了方便比較，實際上，訊號產生器波形記憶體中每筆資料的長度可能超過 10 位元。

3.1.3 任意波形訊號產生器

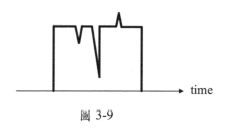

圖 3-9

在大多數的情況下，訊號產生器輸出訊號的特性愈理想愈好，以音響放大器線性度的量測為例，訊號產生器輸出正弦波訊號所含的諧波成分愈少，量測結果愈準確。然而，有時候我們也需要一些不完美的訊號，例如在測試數位系統時，我們可能會將方波訊號連接到數位系統的輸入端，再利用邏輯分析儀觀察系統的輸出是否和預期的一致，由於數位系統在實際運作的環境中可能會受雜訊影響，如果可以利用任意波形訊號產生器(arbitrary waveform generator)產生含有雜訊的方波訊號(見圖 3-9)，就可以在實驗室裡預先評估干擾雜訊是否會影響數位系統的運作。其實任意波形訊號產生器所能產生的訊號種類非常多，通常我們可以利用其內建的數學工具或是訊號波形編輯器來設定輸出訊號的波形。

3.2 類比式訊號合成電路

3.2.1 用類比電路合成方波訊號

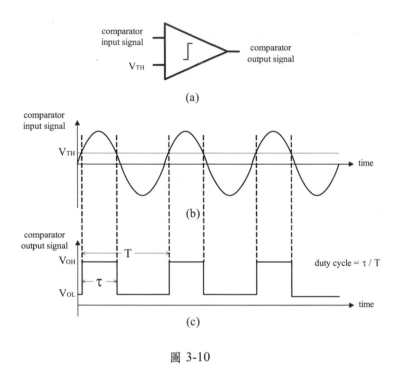

圖 3-10

　　圖 3-10(a)為一方波訊號產生電路，其中比較器(comparator)的輸入訊號是由電壓控制振盪器(voltage controlled oscillator)產生的正弦波訊號。當比較器的輸入訊號大於門限電壓(threshold voltage)V_{TH} 時，其輸出電壓為 V_{OH}，若輸入訊號比門限電壓小，則輸出電壓為 V_{OL}。從圖 3-10(b)與圖 3-10(c)可以看出比較器的輸入正弦波訊號與輸出方波訊號間的關係。由於比較器的輸入正弦波訊號不含直流成分，且 $V_{TH} > 0$，因此輸出方波訊號的工作週期(duty cycle)小於 50 %(方波訊號的工作週期與方波訊號的週期不同)，若 $V_{TH} < 0$，則輸出方波訊號的工作週期將會超過 50 %，換言之，我們可以藉由調整比較器的門限電壓來改變輸出方波訊號

的工作週期。此外，由於輸出方波訊號和輸入正弦波訊號的頻率相同，而輸入正弦波訊號的頻率又和電壓控制振盪器的控制電壓有關，因此調整電壓控制振盪器的控制電壓就可改變方波訊號的頻率。

3.2.2 用類比電路合成三角波訊號

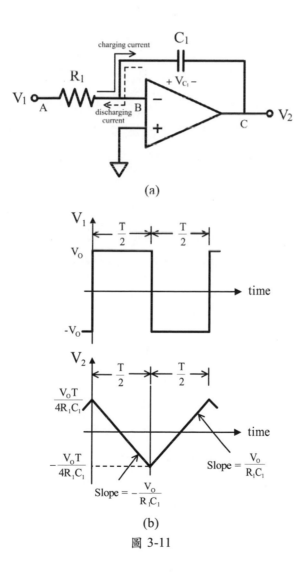

(a)

(b)

圖 3-11

以上介紹的是利用正弦波訊號產生方波訊號的例子，接下來我們要說明如何利用方波訊號產生三角波(triangular wave)訊號。圖 3-11(a)為一積分器電路。當 $0 < t < T/2$ 時，輸入電壓 $V_1 = V_0$，此時流經電阻 R_1 的電流為 V_0/R_1，由於運算放大器的輸入阻抗很高，所以此電流流向電容器 C_1，同時對電容器充電。在充電的過程中，電容器的端電壓 V_{C_1} 會以 V_0/R_1C_1 的時變率增加，由於 B 點的交流電位為零，因此 C 點的電位(即積分器的輸出電壓 V_2)在單位時間內會減少 V_0/R_1C_1。當 $T/2 < t < T$ 時，輸入電壓變為 $-V_0$，此時流經電阻 R_1 的電流仍為 V_0/R_1，但方向與前述電流相反，如果電容器端電壓 V_{C_1} 的參考方向不變，此電流造成的效應相當於使電容器放電，因此電容器的端電壓在單位時間內會減少 V_0/R_1C_1，也就是說，積分器的輸出電壓 V_2 會以 V_0/R_1C_1 的時變率增加。當 $0 < t < T/2$ 時，積分器輸出訊號的斜率(slope)為 $-V_0/R_1C_1$，當 $T/2 < t < T$ 時，斜率為 V_0/R_1C_1，見圖 3-11(b)。當 $T < t < 2T$ 時，此電路的運作情形與當 $0 < t < T$ 時完全一樣，因此其輸出為一三角波訊號(週期與輸入方波訊號相同)。

3.3 dBV 與 dBm

在電子訊號量測的領域裡，dBV 與 dBm 是我們經常用來表示訊號位準的單位，這兩個單位都採用了對數(logarithm)的運算。dBV 與 dBm 的定義式列於表 3-2。

在 dBV 與 dBm 的定義式中，均方根值電壓 V_{RMS} 的單位為伏特。而在 dBm 的定義式中，功率 P 的單位為瓦特，電阻 R 的單位為歐姆。在計算 dBm 的過程中，我們會將功率 P 除以 0.001，其用意是以 0.001 瓦特作為參考功率值。同樣的，在計算 dBV 的過程中，我們以 1 伏特作為參考電壓值。

表 3-2

dBV	dBm
$dBV = 20 \cdot \log(\dfrac{V_{RMS}}{1})$	$dBm = 10 \cdot \log(\dfrac{P}{0.001})$, $P = \dfrac{V_{RMS}^2}{R}$

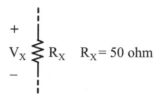

$R_X = 50$ ohm

圖 3-12

假設圖 3-12 中的 R_X 為某交流電路中的電阻，其端電壓 V_X 的均方根值為 5 伏特，根據表 3-2，電阻 R_X 的端電壓相當於 $20 \cdot \log(5) = 13.98$ dBV，而其發熱功率為 $10 \cdot \log(5^2/50/0.001) = 26.99$ dBm。

當我們用 dBm 表示某電阻的發熱功率時，一定要附帶說明其電阻值，如果圖 3-12 中電阻 R_X 的大小為 75 歐姆而非 50 歐姆(V_X 的均方根值不變)，則其發熱功率為 $10 \cdot \log(5^2/75/0.001) = 25.23$ dBm。

用對數刻度表示訊號位準最大的優點是我們可以同時比較位準差距很大的訊號。假設某訊號 x(t)是由頻率為 f_0、$2f_0$ 與 $3f_0$ 的三種頻率成分組成，即 $x(t) = \sin(2\pi f_0 t) + 0.1 \sin(4\pi f_0 t) + 0.01 \sin(6\pi f_0 t)$ volts，由圖 3-13(a)可以看出，當用來記錄訊號位準的刻度為線性時，我們很難比較其中頻率為 f_0 與 $3f_0$ 的頻率成分的大小，若採用對數刻度，就不會有這樣的問題，在圖 3-13(b)中，這兩個頻率成分的大小分別為 0 dBV 與 -40dBV，雖然訊號位準相差了一百倍，我們仍可輕易地將他們記錄在一起並作比較。

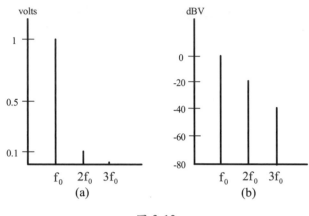

圖 3-13

3.4 輸出訊號功率與負載電阻

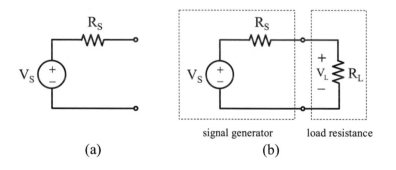

圖 3-14

　　雖然訊號產生器的內部電路相當複雜，但如果從電路分析的角度來看，所有的訊號產生器都可以用圖 3-14(a)的等效電路來表示，其中 V_S 為其開路輸出電壓(open circuit output voltage)，R_S 為輸出電阻(output resistance)。常見的輸出電阻值有 50 Ω 與 75 Ω 兩種。

　　當我們設定訊號產生器的輸出訊號功率時，如果使用的單位是 dBm，則連接到訊號產生器的負載電阻(load resistance)值必須與訊號產生器的輸出電阻值相同，實際傳送至負載電阻的訊號功率才會和設定值相同。圖 3-14(b)為一正弦波訊號產生器與一負載電阻串聯後的等效電路，其中訊號產生器的輸出電阻 R_S 和負載電阻 R_L 均為 50 Ω，在這種情況下，如果將訊號產生器的輸出訊號功率設定為 27 dBm，實際傳送至負載電阻的訊號功率(也就是負載電阻的發熱功率)也會是 27 dBm，由 dBm 的定義式可推算出負載電阻端電壓的均方根值為 5 V，由於輸出電阻 R_S 和負載電阻 R_L 形成一分壓比為 1/2 的分壓器，因此訊號產生器開路輸出電壓的均方根值為 10V。若負載電阻值為 75 Ω 而非 50 Ω，則負載電阻端電壓的均方根值為 10 × 75/(75+50) = 6V，將此值代入 dBm 的定義式，可計算出實際傳送至負載電阻的訊號功率為 26.81 dBm，而非我們所設定的 27 dBm。

3.5 訊號產生器的輸出訊號特性參數

　　在本節中，我們要介紹幾個常用來描述訊號產生器輸出訊號特性的參數，包括頻率準確度、正弦波訊號的總諧波失真以及方波訊號的上升時間與下降時間。

3.5.1 頻率準確度

　　由於訊號產生器內部電路的特性會因環境溫度變化以及老化(aging)等因素改變，實際輸出訊號的頻率(須利用頻率計數器測得)可能和我們設定的頻率不同。如果設定的頻率為 f_{set}，而輸出訊號的頻率為 $f_{measured}$，則訊號產生器的頻率準確度(frequency accuracy)為

$$\text{frequency accuracy} = \frac{f_{\text{measured}} - f_{\text{set}}}{f_{\text{set}}}$$

通常我們用百萬分之一(parts per million, ppm)或百分率(percent)來表示訊號產生器的頻率準確度,如果設定的頻率為2500000 Hz,而實際輸出訊號的頻率為2500004 Hz,則頻率準確度為1.6 ppm。

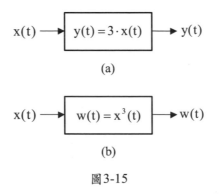

(a)

(b)

圖3-15

3.5.2 總諧波失真

在解釋總諧波失真(total harmonic distortion, THD)之前,我們先說明線性(linear)電路與非線性(nonlinear)電路的意義。假設某類比電路的輸入訊號為一頻率為f_0的正弦波訊號,如果其輸出亦為頻率為f_0的正弦波訊號,則此電路為線性,例如,在圖3-15(a)中,輸出訊號y(t)為輸入訊號x(t)的三倍,當x(t) = $\cos(2\pi f_0 t)$ 時, y(t) = $3\cdot\cos(2\pi f_0 t)$。如果輸入訊號為一頻率為f_0的正弦波訊號,而輸出訊號同時包含頻率為f_0的正弦波訊號(基頻訊號)及其諧波訊號,則此電路為非線性,例如,在圖3-15(b)中,輸出訊號w(t)為輸入訊號x(t)的三次方,當x(t) = $\cos(2\pi f_0 t)$時,w(t) = $0.75\cdot\cos(2\pi f_0 t)$ + $0.25\cdot\cos(6\pi f_0 t)$。

一般來說，電路的線性度愈差，其輸出訊號中所含的諧波成分也愈多，因此，測量輸出諧波訊號的大小就相當於測量其線性度。假設某電路的輸入正弦波訊號頻率為 f_0，如果利用頻譜分析儀測得其輸出訊號中的基頻訊號、二次諧波訊號、三次諧波訊號與四次諧波訊號位準分別為5 dBm、-22 dBm、-31 dBm與-37 dBm，則基頻訊號與各諧波訊號的均方根值如表3-3所示(假設頻譜分析儀的輸入電阻為50 Ω)。

表3-3

fundamental frequency	second harmonic	third harmonic	fourth harmonic
$A_1 = 0.3976$ V	$A_2 = 0.0178$ V	$A_3 = 0.0063$ V	$A_4 = 0.0032$ V

計算總諧波失真的公式為

$$\text{THD} - \frac{\sqrt{A_2^2 + A_3^2 + A_4^2 + \cdots}}{A_1} \times 100\%$$

很明顯的，諧波訊號的位準愈高，總諧波失真愈大。將表3-3中的均方根值代入，可得THD＝4.8％。在這個例子中，輸出訊號僅含有二次、三次與四次諧波，其實當輸出訊號含有更高次的諧波時，這個計算公式仍然可用。

除了可以用來表示類比電路的線性度外，總諧波失真也可以用來表示訊號產生器輸出正弦波訊號的品質。理論上訊號產生器輸出的正弦波訊號應該不含任何諧波，但實際上其內部電路的非理想特性仍會使輸出訊號含有些微的諧波成分。大部分訊號產生器輸出正弦波訊號的總諧波失真都在1%以下。

3.5.3 上升時間與下降時間

　　雖然我們常以圖3-16(a)來表示方波訊號,但其實這種方法並不能表示方波訊號狀態改變所需的時間。即使是頻寬很高、速度很快的訊號合成電路,也需要一段時間來改變輸出訊號的狀態(由V_L變為V_H或由V_H變為V_L)。利用示波器觀察方波訊號時,如果示波器的時間刻度夠小,我們將可看到如圖3-16(b)所示的結果。所謂上升時間(rise time, t_{rise})是指方波訊號的位準由$V_L + 0.1(V_H-V_L)$增至$V_L + 0.9(V_H-V_L)$所需的時間,而下降時間(fall time, t_{fall})則是方波訊號的位準由$V_L + 0.9(V_H-V_L)$降至$V_L + 0.1(V_H-V_L)$所需的時間。

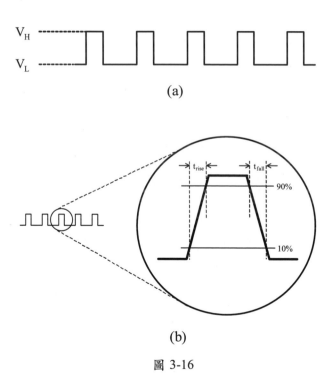

(a)

(b)

圖 3-16

第三章習題

1. 假設在圖 3-3 的直接數位合成電路中，參考時鐘頻率為 2 MHz，而相位/振幅資料轉換器裡總共儲存了 2^{12} 筆資料，這 2^{12} 筆資料對應於正弦函數的一完整週期。當頻率控制訊號為 1 時，輸出正弦波訊號的頻率為何？當頻率控制訊號為 20 時，輸出正弦波訊號的頻率為何(為簡化計算，假設 $2^{10} = 1000$)？

2. 將一負載電阻接到正弦波訊號產生器的輸出端，會形成如圖 3-14(b)所示的等效電路。假設訊號產生器的輸出電阻 R_S 為 75Ω，負載電阻 R_L 為 50Ω。若訊號產生器面板顯示其輸出訊號功率為 20 dBm，試計算實際傳送至負載電阻的訊號功率。

3. 如果我們將訊號產生器輸出正弦波訊號的頻率設定為 1500000 Hz，而實際利用頻率計數器測得的訊號頻率為 1499970 Hz，則此訊號產生器的頻率準確度為何？

4. 如果我們想評估類比放大器的線性度，可以將訊號產生器合成的正弦波訊號接到放大器的輸入端，再利用頻譜分析儀分析放大器輸出訊號的諧波失真量。假設某類比放大器的輸入訊號為 $x(t) = 0.2\sin(2\pi f_0 t)$ volts，輸出訊號為 $y(t) = 4.6\sin(2\pi f_0 t) + 0.12\sin(4\pi f_0 t) + 0.07\sin(6\pi f_0 t) + 0.02\sin(8\pi f_0 t)$ volts，試計算此放大器的總諧波失真。

5. 圖 e3-5 為利用示波器測量某方波訊號時螢幕所顯示的結果。假設螢幕水平方向的每一格代表 25 ns，試估算此方波訊號的上升時間與下降時間。

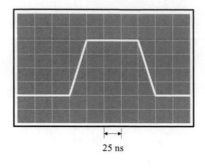

25 ns

圖 e3-5

第四章

示波器

　　示波器(oscilloscope)是一種常用的電子量測儀器，其主要功能是讓我們觀察訊號電壓隨時間變化的情形。早期的示波器多以類比電路製作，由於數位電子技術的進步，數位示波器已經逐漸取代傳統的類比示波器，成為市場的主流。在本章中，我們除了介紹這兩種示波器的原理外，也會說明儀器設定和探針對測試結果的影響。

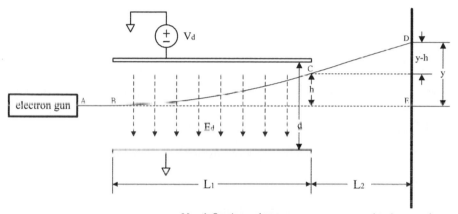

Vd : deflecting voltage
L1 : length of the deflection plate
L2 : distance between the deflection plate
    and the phosphor-coated screen
Ed : electric field between deflection plates

phosphor-coated screen

圖 4-1

4.1 類比示波器原理

4.1.1 電子束在陰極射線管中受電場的作用而偏向

　　要了解類比示波器的原理，就必須先了解電子束(electron beam)在陰極射線管(cathode ray tube, CRT)中受電場作用而偏向的情形。假設在圖 4-1 中，電子槍(electron gun)的加速電壓為 V_A，電子離開電子槍口時的(水平)速度為 v_0，則電子進入偏向板(deflection plate)前的動能為

$$\frac{1}{2}mv_0^2 = QV_A \tag{4.1}$$

其中 m 與 Q 分別為電子的質量與電荷。由電子槍射出的電子在經過偏向板時會受電場的作用而偏向,最後撞擊在螢幕上,在此過程中,電子會依序經過圖 4-1 中的 A、B、C、D 各點。由於電子在電場中的受力方向與電子進入電場前的運動方向垂直,因此從 A 點到 D 點,其水平速度均為 v_0。至於電子的垂直速度與垂直位移(偏向),可以分電子進入電場前(從 A 點到 B 點)、電子在電場中(從 B 點到 C 點)以及電子離開電場後(從 C 點到 D 點)三個階段來說明。電子在進入偏向板前沒有受任何外力作用,其水平速度始終與離開電子槍口時一樣,且垂直速度為零。偏向板電場的大小為 $E_d = V_d/d$,V_d 為偏向電壓(deflecting voltage),電子在此電場中受到一大小為 QV_d/d 的電力作用,其方向垂直於偏向板面,根據牛頓第二運動定律,電子在垂直方向的加速度為 $a_y = QV_d/md$,換言之,在 B、C 兩點之間,電子的垂直速度會不斷增加,電子在 B 點的垂直速度為零,到達 C 點時,其垂直速度增為

$$v_{cy} = a_y \cdot \Delta t = a_y \cdot \frac{L_1}{v_0} = \frac{QV_d L_1}{mdv_0}$$

其中 $\Delta t = L_1/v_0$ 為電子由 B 點到 C 點所需的時間,也就是電子受偏向板電場作用的時間。如果沒有偏向板電場的作用,由電子槍射出的電子將不會改變行進方向而撞擊到螢幕上的 E 點,然而由於電場的作用,造成電子在垂直方向的位移。在電子離開偏向板電場的瞬間,垂直方向的位移為

$$h = \frac{1}{2} \cdot a_y \cdot \Delta t^2 = \frac{1}{2} \cdot \frac{QV_d}{md} \cdot \frac{L_1^2}{v_0^2} \tag{4.2}$$

由於電子離開電場後就不再受力，因此從 C 點到 D 點，電子的速度始終與電子在 C 點的速度 v_c 一樣，其水平分量為 $v_{cx} = v_0$，垂直分量為 $v_{cy} = QV_dL_1/mdv_0$。假設電子到達螢幕時的總垂直位移(即圖 4-1 中 D、E 兩點間的距離)為 y，則從 C 點到 D 點，電子的垂直位移為 y–h，由於在這段期間電子以定速前進，因此其垂直位移 y–h 與水平前進距離 L_2 的比值相當於其行進速度的垂直分量 v_{cy} 與水平分量 v_{cx} 的比值，亦即

$$\frac{y-h}{L_2} = \frac{v_{cy}}{v_{cx}} = \frac{QV_dL_1}{mdv_0^2} \tag{4.3}$$

將(4.2)式中的 h 代入(4.3)式中，可得

$$y = \frac{QV_dL_1}{2dmv_0^2}(L_1 + 2L_2) = \frac{QV_dL_1}{4d \cdot (\frac{1}{2}mv_0^2)} \cdot (L_1 + 2L_2) \tag{4.4}$$

將(4.1)式中的電子動能代入(4.4)式中，即可得

$$y = \frac{V_dL_1}{4V_Ad}(L_1 + 2L_2) \tag{4.5}$$

在(4.5)式中，偏向板的長度 L_1、偏向板與螢幕的距離 L_2 與偏向板間距 d 均為定值，而在正常使用的情況下，電子槍的加速電壓 V_A 亦為定值，換言之，當電子到達螢幕時，其總垂直位移 y 正比於偏向電壓 V_d。

4.1.2 陰極射線管的水平偏向電壓與垂直偏向電壓

　　(4.5)式對於了解類比示波器的運作原理非常有幫助。通常陰

極射線管的螢幕內面都有一層磷膜(phosphor coating)，由於磷是一種螢光物質(fluorescent material)，一旦被高速電子撞擊，就會發光。如果圖 4-1 中的偏向電壓 $V_d = 0$(此時偏向板電場 $E_d = 0$)，由電子槍射出的電子將使螢幕中心產生一亮點。如果偏向電壓為一正弦波訊號，我們將會在螢幕上看到一垂直亮線，這是因為由電子槍射出的電子不斷投射在這條垂直線的範圍內，雖然電子投射在螢幕上的位置會隨正弦波訊號變化，但我們卻無法看出這種變化，要解決這個問題，就必須利用一水平偏向電壓將電子投射在螢幕上的範圍橫向展開。

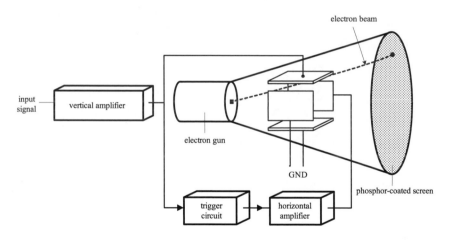

圖 4-2

　　為了使輸入訊號波形呈現在陰極射線管的螢幕上，除了垂直偏向電場外，我們還需要利用水平偏向電壓產生一水平偏向電場。圖 4-2 為類比示波器的陰極射線管與其主要週邊電路。假設輸入訊號為正弦波訊號。由於電子投射在陰極射線管螢幕上的垂

直位移代表輸入訊號的強度，而電子到達螢幕時的垂直位移正比
於垂直偏向電壓(見(4.5)式)，因此輸入訊號經垂直放大器(vertical
amplifier)處理後，即可作為陰極射線管的垂直偏向電壓。另一方
面，由於電子投射在螢幕上的水平位移代表(線性)時間，而電子
到達螢幕時的水平位移正比於水平偏向電壓，因此通常我們以鋸
齒波(sawtooth wave)訊號作為陰極射線管的水平偏向電壓，使電
子到達螢幕時的水平偏向隨時間線性遞增。

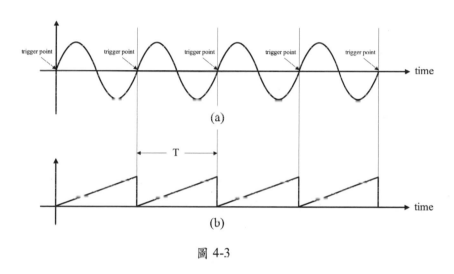

圖 4-3

圖 4-2 中的陰極射線管包含一對垂直偏向板與一對水平偏向
板。如前所述，利用垂直放大器將輸入訊號放大後，即為垂直偏
向電壓。而垂直偏向電壓經觸發電路(trigger circuit)與水平放大器
(horizontal amplifier)處理後，即為水平偏向電壓。在此我們必須
強調：類比示波器只能用來觀察週期性訊號的波形。我們之所以
能在示波器的螢幕上看到穩定的訊號波形，主要是靠視覺暫留
(persistence of vision)的作用。若觸發電路的輸入訊號(此訊號的波

形和示波器輸入訊號的波形相同,也和垂直偏向電壓的波形相同)
如圖 4-3(a)所示,則其輸出訊號(此訊號的波形和水平偏向電壓的
波形相同)應如圖 4-3(b)所示,兩者週期相同,換言之,陰極射線
管的水平偏向電壓與垂直偏向電壓完全同步,每當電子投射在螢
幕上的垂直位移隨垂直偏向電壓完成一週期的變化,電子到達螢
幕時的水平位置也由螢幕的左方等速移動至右方。由於水平偏向
電壓與垂直偏向電壓均為週期性訊號,因此這個過程會不斷重複
(每秒重複的次數與輸入訊號的頻率相同),我們也就可以在螢幕
上看到穩定的訊號波形。

4.2 數位示波器

由於數位電子技術的進步,數位示波器已經逐漸取代傳統的
類比示波器,成為市場的主流。以下我們將介紹即時取樣示波器
與等效時間取樣示波器這兩種數位示波器的原理。

4.2.1 即時取樣示波器

圖 4-4 為即時取樣(real-time sampling)示波器的系統架構。示
波器的輸入訊號經過取樣與類比/數位轉換後變成數位訊號。我們
曾經在第一章中介紹過類比訊號的數位化必須以取樣定理為基
礎,基本上,即時取樣示波器也是根據取樣定理設計的。一旦示
波器的輸入訊號數位化後,就會被儲存在記憶體裡。由於記憶體
的資料格式與顯示器電路的輸入資料格式不同,因此必須利用處
理器(processor)作適當的轉換。

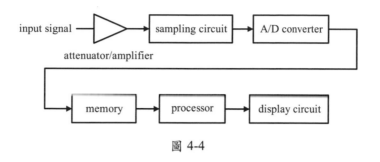

圖 4-4

　　利用記憶體儲存訊號波形是數位示波器與傳統類比示波器最大的差別，也因為如此，我們可以進一步分析測得的訊號波形。目前市面上許多數位示波器都有運算分析功能，比較簡單的如兩訊號波形的相加、相減，比較複雜的則有微分、積分與傅立葉分析等。

　　就傳統的類比示波器而言，由於其輸入訊號直接控制陰極射線管內電子束的偏向，因此示波器的量測頻寬會受陰極射線管掃描速度的限制，換言之，陰極射線管的掃描速度愈快，示波器所能量測的訊號頻率愈高。對即時取樣示波器來說，顯示器電路只需將記憶體中的波形資料讀出，而不用直接處理高速的示波器輸入訊號，因此其訊號處理速度並不需要太快，但這並不表示即時取樣示波器很容易設計。如前所述，即時取樣示波器是根據取樣定理設計的，如果示波器的輸入訊號是非週期性的暫態訊號，則取樣頻率至少應為其頻寬的兩倍，才能量測到完整的訊號波形(事實上，即時取樣示波器是唯一能夠量測暫態訊號的示波器)，而通常由於暫態訊號的頻寬較高，因此量測這種訊號所需的取樣頻率也較高。另一方面，如果輸入訊號是週期性訊號，即時取樣示波器也必須在輸入訊號符合觸發條件後的一個週期內完成訊號的取樣與類比/數位轉換。由此可知，不論待測訊號是暫態訊號或是週期性訊號，即時取樣示波器中取樣電路與類比/數位轉換器的速度都必須夠快，才能量測到正確的波形，這也是設計這類示波器最困難的地方。

4.2.2 等效時間取樣示波器

即時取樣示波器是以取樣定理為基礎設計的，其取樣頻率至少應為輸入訊號頻率的兩倍。事實上，為了提高量測解析度，通常即時取樣示波器的取樣頻率都在輸入訊號頻率的 10 倍以上。輸入訊號的頻率愈高，即時取樣示波器中類比/數位轉換器的速度就應愈快，其電路也愈難設計。而等效時間取樣(equivalent-time sampling)示波器最大的優點就是可以利用比較低速的類比/數位轉換器來量測高頻訊號，不但比較容易設計，穩定性也較高。

等效時間取樣示波器能夠利用比較低速的類比/數位轉換器來量測訊號波形，主要是因為示波器輸入訊號的取樣與類比/數位轉換並不是在一個訊號週期內完成的。假設待測三角波訊號的頻率為 $f = 1/T$ (Hz)。如果我們採用即時取樣示波器，且取樣頻率為三角波訊號頻率的十倍，則相鄰兩次取樣的時間間隔為 $\Delta t = T/10$ 秒，如圖 4-5(a)所示。如果採用等效時間取樣示波器，則取樣電路可以在第一次輸入訊號符合觸發條件(假設觸發電位為 0V)後 Δt 秒、第二次輸入訊號符合觸發條件後 $2\Delta t$ 秒與第三次輸入訊號

符合觸發條件後 $3\Delta t$ 秒分別進行第一次、第二次與第三次的取樣，依此類推，最後所有的取樣值仍會和利用即時取樣示波器所得到的取樣值相同(如圖 4-5(b)所示)，但相鄰兩次取樣的時間間隔卻增加為 $T+\Delta t=11\Delta t$，取樣時間間隔增加表示我們可以利用比較低速的類比/數位轉換器來設計示波器。

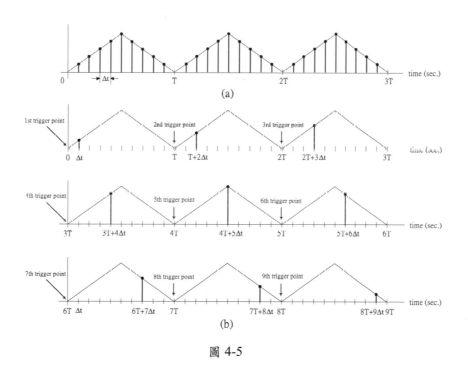

圖 4-5

在這個例子中，如果取樣電路在第一次輸入訊號符合觸發條件後 Δt 秒、第十一次輸入訊號符合觸發條件後 $2\Delta t$ 秒與第二十一次輸入訊號符合觸發條件後 $3\Delta t$ 秒分別進行第一次、第二次與第三次的取樣(亦即每十個訊號週期取樣一次)，則相鄰兩次取樣的時間間隔將會增加為 $10T+\Delta t=101\Delta t$。如果每一百個訊號週期取樣一次，則相鄰兩次取樣的時間間隔將會增加為 $100T + \Delta t = 1001 \Delta t$。以頻率為 1MHz 的三角波訊號為例，如果以即時取樣示波器來量測，且取樣頻率為三角波訊號頻率的 10 倍，則類比/數位轉換器每秒必須能夠處理 10^7 筆資料，然而，如果以等效時間取樣示波器來量測，同時每一百個訊號週期取樣一次，則類比/數位轉換器每秒只需處理 10^4 筆資料。目前市面上某些高頻示波器的取樣時間間隔甚至在一千個訊號週期以上。

　　雖然等效時間取樣示波器能夠利用比較低速的類比/數位轉換器來量測訊號波形，但由於取樣過程無法在輸入訊號符合觸發條件後的一個訊號週期內完成，因此示波器的輸入訊號必須是週期性訊號，我們才有機會在不同的訊號週期內針對訊號的各個部分取樣以得到完整的波形資料，這也是這類示波器使用上最大的限制。

4.3 電壓刻度、時間刻度與觸發條件的設定

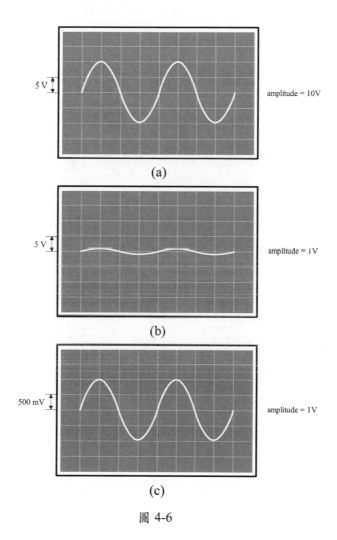

圖 4-6

4.3.1 電壓刻度

　　每一台示波器的螢幕上都有一組縱橫交錯的格線，這些格線將螢幕的寬度等分成十格，同時將螢幕的高度等分成八格，如圖 4-6 所示。利用旋鈕設定電壓刻度(volts per division, volts/div)相當

於決定螢幕垂直方向的每一格代表的電壓大小，如果示波器的量測範圍為 40mV～40V，則每一格所代表電壓的最小值與最大值分別為 5mV 與 5V。設定電壓刻度可以讓使用者觀測不同位準的訊號，通常我們用較大的電壓刻度測量位準較高的訊號，若訊號位準較低則選用較小的電壓刻度。假設示波器的輸入訊號為一振幅為 10V 的正弦波訊號，如果將電壓刻度設定為 5V/div，則螢幕所顯示的訊號波形將如圖 4-6(a)所示，如果以相同的電壓刻度測量一振幅為 1V 的正弦波訊號，其波形將難以辨識(見圖 4-6(b))，此時如果改用較小的電壓刻度(500mV/div)，螢幕上的訊號波形就會清楚得多，如圖 4-6(c)所示。

4.3.2 時間刻度

設定電壓刻度可以讓使用者觀測不同位準的訊號，而設定時間刻度(seconds per division, sec/div)則可以使不同頻率訊號的波形都能完整呈現在螢幕上。利用旋鈕設定時間刻度相當於決定螢幕水平方向的每一格代表的時間。通常我們用較大的時間刻度測量頻率較低的訊號，當訊號頻率較高時則選用較小的時間刻度。假設示波器的輸入訊號為一頻率為 5000 Hz 的正弦波訊號，如果將時間刻度設定為 25μs/div，則螢幕所顯示的訊號波形將如圖 4-7(a)所示，如果以相同的時間刻度測量一頻率為 1250 Hz 的正弦波訊號，我們就只能在螢幕上看到四分之一週期的訊號(見圖 4-7(b))，此時如果將時間刻度增為 100μs/div，就可以看到一完整週期的訊號波形，如圖 4-7(c)所示。

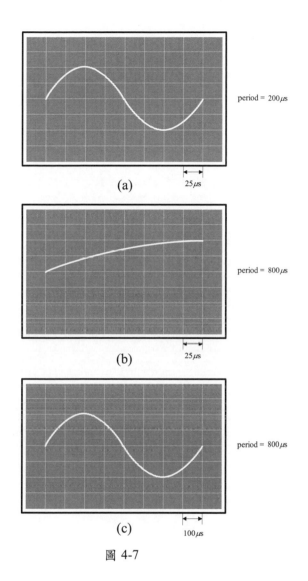

圖 4-7

4.3.3 觸發條件

　　以下我們以類比示波器為例，說明改變觸發條件對量測結果的影響。我們曾經在第 4.1.2 節介紹過類比示波器的觸發電路，在圖 4-3 中，每當輸入正弦波訊號的相位為零時(對應於圖中的觸發點(trigger point))，觸發電路的輸出鋸齒波訊號位準便開始遞增。

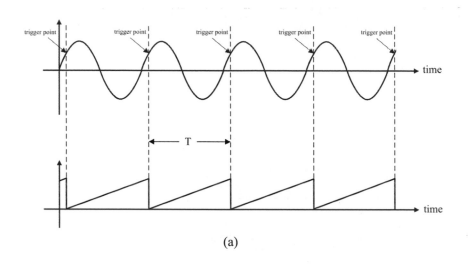

(a)

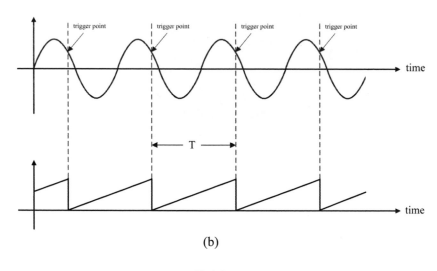

(b)

圖 4-8

其實，雖然觸發電路的輸入訊號與輸出訊號有相同的週期，但觸發點的位置卻可以由使用者設定。在設定觸發條件時，除了必須設定觸發點所對應的輸入訊號位準外，也要設定觸發點所對應的輸入訊號斜率。假設輸入正弦波訊號的振幅為 V_P。如果我們將觸發點的位置設定在輸入訊號大小為 $V_P/2$ 處，同時觸發點所對應的輸入訊號斜率大於零，則觸發電路的輸入訊號與輸出訊號間的關係將如圖 4-8(a)所示；如果將觸發點的位置設定在輸入訊號大小為 $V_P/2$ 處，但觸發點所對應的輸入訊號斜率小於零，則觸發電路的輸入訊號與輸出訊號間的關係將如圖 4-8(b)所示。圖 4-9(a)與圖 4-9(b)分別為在這兩種情況下示波器螢幕所顯示的訊號波形。

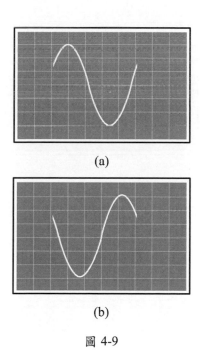

(a)

(b)

圖 4-9

4.4 直流耦合與交流耦合

　　一般常見的示波器輸入訊號耦合方式有直流耦合(DC coupling)與交流耦合(AC coupling)兩種。假設示波器的輸入訊號為一包含直流成分的正弦波訊號，即 $V_{IN} = V_{DC} + V_P\sin(2\pi ft)$，其中 $V_{DC} = 2V$，$V_P = 1V$，$f = 1kHz$。示波器螢幕中心的水平線對應於接地電壓(ground voltage)，電壓刻度與時間刻度分別為 1 volt/div 與 250μs/div。當採用交流耦合方式時，示波器內的直流濾波器(DC filter)會將輸入訊號的直流成分濾掉，因此螢幕只會顯示輸入訊號的交流成分，見圖 4-10(a)。如果採用直流耦合方式，直流濾波器將不會被啟動，我們也就可以看到包含直流成分的完整輸入訊號波形，見圖 4-10(b)。

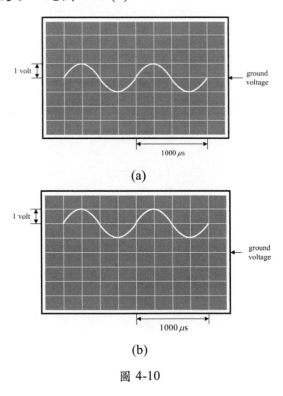

(a)

(b)

圖 4-10

4.5 示波器的輸入電阻

大部分的示波器都有 $1M\Omega$ 與 50Ω 兩種輸入電阻。如果要減少示波器對待測系統(system under test, SUT)的負載效應，通常 $1M\Omega$ 的輸入電阻是比較好的選擇。不過，由於使用 50Ω 的輸入電阻可以達到比較高的量測頻寬，加上某些待測系統的特性阻抗(characteristic impedance)為 50Ω，因此有時我們也會選用 50Ω 的輸入電阻。

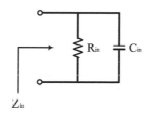

圖 4-11

4.5.1 量測頻寬的比較

圖 4-11 為示波器的輸入等效電路，其中 C_{in} 為輸入電容，R_{in} 為輸入電阻。示波器的輸入阻抗 Z_{in} 可以表示為

$$Z_{in} = \frac{R_{in}}{1 + s/\omega_{3dB}} \quad , \quad \omega_{3dB} = \frac{1}{R_{in}C_{in}}$$

當待測訊號為直流訊號時，輸入阻抗為 R_{in}。隨著訊號頻率增加，輸入阻抗會逐漸減少，當頻率達到 $\omega_{3dB} = 1/R_{in}C_{in}$ (rad/s)時，輸入阻抗會變為 $R_{in}/(2)^{0.5}$。假設輸入電容為 20 pF，若輸入電阻為 $1M\Omega$，則 ω_{3dB} 為 50000 (rad/s)，約相當於 8 kHz，若輸入電阻為 50Ω，則 ω_{3dB} 為 10^9 (rad/s)，約相當於 160 MHz。不論我們使用 50Ω 或 $1M\Omega$ 的輸入電阻，示波器輸入阻抗都會隨訊號頻率增加而減

少，而當我們使用 50Ω的輸入電阻時，示波器輸入阻抗必須在訊號頻率較高的情況下才會有明顯的改變，因此 50Ω的輸入電阻比較適合用來量測高頻訊號。

4.5.2 不同的量測模式

　　除了量測頻寬不同外，使用這兩種輸入電阻的測試方法也不一樣。如果我們希望減少示波器對待測系統的負載效應，就應使用 1MΩ的輸入電阻，同時以橋接模式(bridge mode)來量測。若待測系統的特性阻抗為 50Ω，通常其負載阻抗亦為 50Ω，在這種情況下，我們會以終端模式(termination mode)來量測，也就是以示波器的 50Ω輸入電阻模擬待測系統的負載。

4.6 示波器探針

　　示波器探針(probe)是利用示波器測量訊號波形時不可或缺的配件，其主要功能是將待測訊號連接到示波器的輸入端。示波器探針的種類很多，包括被動式電壓探針(passive voltage probe)、高壓探針(high voltage probe)以及差動式電壓探針(differential voltage probe)等，每一種探針適用的場合都不一樣。以下我們將介紹被動式電壓探針中比較常用的兩種，即一比一探針與十倍衰減探針。我們將以定量的方式說明這兩種探針的差別以及他們對量測結果可能產生的影響。

4.6.1 一比一探針

圖 4-12(a)的等效電路代表待測系統，其中 V_S 為其開路輸出

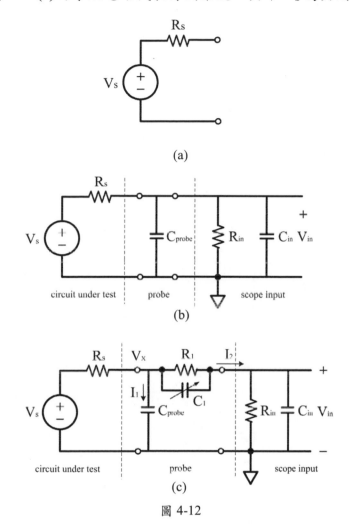

(a)

(b)

(c)

圖 4-12

電壓，R_S 為輸出電阻。若示波器的輸入電阻為 R_{in}，輸入電容為 C_{in}，則利用一比一探針(1:1 probe)將待測系統連接到示波器的輸入端後，會形成如圖 4-12(b)所示的等效電路，其中 C_{probe} 為探針電容(probe capacitance)。V_{in} 為示波器的輸入電壓。由簡單的電路

分析可得

$$\frac{V_{in}}{V_S} = \frac{R_{in}}{R_{in}+R_S} \cdot \frac{1}{1+s/\omega_{3dB}}, \quad \omega_{3dB} = \frac{1}{(C_{in}+C_{probe})(R_{in}//R_S)} \quad (4.6)$$

換言之，當我們利用一比一探針將待測系統連接到示波器的輸入端後，其等效電路相當於一低通濾波器，此低通濾波器的截止頻率 ω_{3dB} 取決於示波器輸入電容 C_{in}、探針電容 C_{probe}、示波器輸入電阻 R_{in} 及待測系統輸出電阻 R_S。

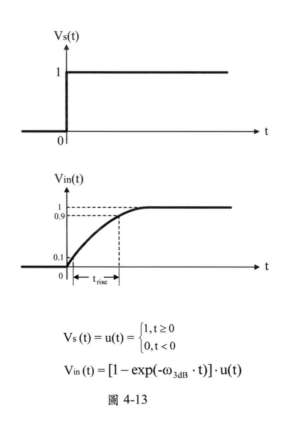

$$V_S(t) = u(t) = \begin{cases} 1, t \geq 0 \\ 0, t < 0 \end{cases}$$

$$V_{in}(t) = [1 - \exp(-\omega_{3dB} \cdot t)] \cdot u(t)$$

圖 4-13

假設當 $t = 0$ 時，V_S 由 0V 變為 1V，則示波器輸入電壓 V_{in} 將會從 $t = 0$ 時起由 0V 以指數方式遞增至 1V，如圖 4-13 所示。根據定

義，V_{in} 由 0.1V 增至 0.9V 所需的時間為上升時間 t_{rise}，經計算可得

$$t_{rise} = \frac{2.2}{\omega_{3dB}} = 2.2(C_{in} + C_{probe})(R_{in} // R_S)$$

如果示波器輸入電阻 R_{in} = 1MΩ，待測系統輸出電阻 R_S = 50Ω，示波器輸入電容 C_{in} = 10 pF，探針電容 C_{probe}= 15 pF，則示波器輸入電壓由 0.1V 增至 0.9V 所需的時間約為 2.75 ns。

4.6.2 十倍衰減探針

由待測系統、十倍衰減探針(10:1 attcnuating probe)與示波器輸入電路形成的等效電路如圖 4-12(c)所示。基本上，十倍衰減探針與一比一探針不同之處在於它多了一組並聯的電阻與可變電容(即圖 4-12(c)中的 R_1 與 C_1)。由(4.6)式可以看出，使用一比一探針時，量測頻寬會受示波器輸入電容 C_{in} 與探針電容 C_{probe} 的限制。而當我們使用十倍衰減探針時，如果適當調整可變電容 C_1 的值，就可以將示波器輸入電容 C_{in} 對待測訊號的影響消除(探針電容 C_{probe} 對待測訊號的影響仍在)，其原因如下：

若 $C_1 R_1 = C_{in} R_{in}$，則圖 4-12(c)中 V_{in} 與 V_X 的比值為

$$\frac{V_{in}}{V_X} = \frac{R_{in}}{R_{in} + R_1}$$

流經探針電容 C_{probe} 的電流為

$$I_1 = sC_{probe} \cdot V_X = sC_{probe} \cdot \frac{R_{in} + R_1}{R_{in}} \cdot V_{in}$$

而流經示波器輸入電阻 R_{in} 與輸入電容 C_{in} 的電流為

$$I_2 = \frac{V_{in}}{(R_{in} // \frac{1}{sC_{in}})} = \frac{1 + sC_{in}R_{in}}{R_{in}} \cdot V_{in}$$

由於流經電阻 R_S 的電流為 I_1 與 I_2 之和，因此待測電壓可以表示為

$$V_S = V_X + (I_1 + I_2) \cdot R_S$$

$$= \frac{R_{in} + R_1 + R_S}{R_{in}} \cdot V_{in} + s(C_{in} + \frac{R_{in} + R_1}{R_{in}} \cdot C_{probe})R_S V_{in} \qquad (4.7)$$

如果示波器輸入電阻 R_{in}、待測系統輸出電阻 R_S、示波器輸入電容 C_{in} 與探針電容 C_{probe} 之值均與 4.6.1 節相同，而 $R_1 = 9M\Omega$(稍後讀者將可由(4.8)式看出，為了達到十倍衰減的效果，R_1 的值必須為 R_{in} 的 9 倍)，則(4.7)式可以近似為

$$V_S = \frac{R_{in} + R_1}{R_{in}} \cdot V_{in} + s(\frac{R_{in} + R_1}{R_{in}} \cdot C_{probe})R_S V_{in}$$

而由待測系統、探針與示波器輸入電路形成的低通濾波器頻率響應也就可以表示為

$$\frac{V_{in}}{V_S} = \frac{R_{in}}{R_{in} + R_1} \cdot \frac{1}{1 + s/\omega_{3dB}}, \quad \omega_{3dB} = \frac{1}{C_{probe}R_S} \qquad (4.8)$$

從(4.8)式可以看出，由於示波器輸入電容 C_{in} 不再影響待測訊號，因此和一比一探針相比，十倍衰減探針的量測頻寬較高。

若 V_S 在 t = 0 時由 0V 變為 1V，則示波器輸入訊號 V_{in} 由 0.01V 增至 0.09V(由於探針的衰減作用，示波器輸入訊號只能增至 0.1V)所需的時間為

$$t_{rise} = \frac{2.2}{\omega_{3dB}} = 2.2(C_{probe}R_S)$$

將前述電路元件值代入，可得 t_{rise} = 1.65 ns。

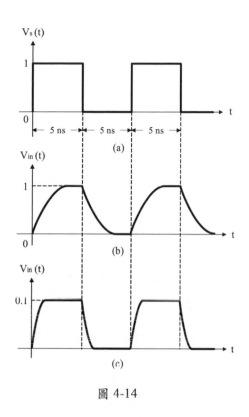

圖 4-14

假設待測訊號 V_S 為一頻率為 100 MHz 的方波訊號，其振幅為 1V，工作週期為 50 ％，如圖 4-14(a)所示。使用一比一探針與十倍衰減探針，示波器輸入訊號 V_{in} 的波形將分別如圖 4-14 (b)與圖 4-14 (c)所示。由此可知，由待測系統、探針與示波器輸入電路形成的低通濾波器截止頻率ω_{3dB} 愈高，我們在螢幕上看到的訊號波形與待測訊號波形間的差異就愈小，量測結果也愈準確。

第四章習題

1. 等效時間取樣示波器是否可以用來觀察暫態訊號的波形？為什麼？

2. 假設類比示波器的輸入訊號為三角波訊號，其頻率為 1000 Hz。示波器螢幕垂直方向的每一格代表 1V，水平方向的每一格代表 125μs。如果將觸發點的位置設定在輸入訊號大小為 1V 處，且觸發點所對應的輸入訊號斜率大於零(如圖 e4-2(a)所示)，則採用交流耦合方式所測得的波形應如圖 e4-2(b)所示。如果觸發點的位置仍對應於輸入訊號大小為 1V 處，但觸發點所對應的輸入訊號斜率小於零，則採用直流耦合方式所測得的波形為何(可利用圖 e4-2(c)作答)？

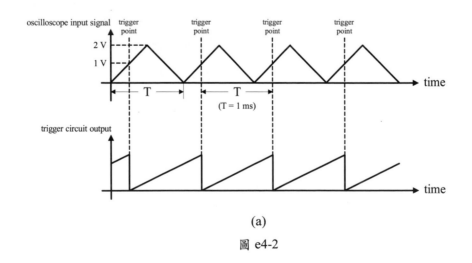

(a)

圖 e4-2

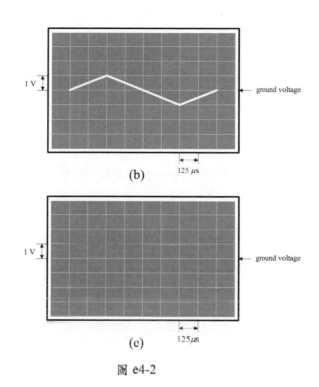

圖 e4-2

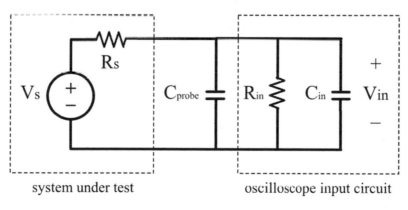

圖 e4-3

3. 圖 e4-3 為利用一比一探針將一待測系統連接到示波器的輸入
端後所形成的等效電路，其中 V_S 為待測系統的開路輸出電壓，待測系統的輸出電阻 R_S 與示波器的輸入電阻 R_{in} 均為 50Ω，示波器的輸入電容 C_{in} 為 20 pF，探針電容 C_{probe} 為 30 pF。

(1)試證明

$$\frac{V_{in}}{V_S} = \frac{R_{in}}{R_{in}+R_S} \cdot \frac{1}{1+s/\omega_{3dB}} \ (\omega_{3dB} = \frac{1}{(R_{in}//R_S)(C_{in}+C_{probe})})。$$

(2)如果 V_S 為一頻率為 5MHz，均方根值為 3V 的正弦波訊號，則 V_{in} 的均方根值為何？如果 V_S 的均方根值不變，但頻率增為 500MHz，則 V_{in} 的均方根值為何？

4. 圖 e4-4 為一低通濾波器電路。

(1)試證明 $\dfrac{V_{out}}{V_{in}} = \dfrac{1}{1+s/\omega_{3dB}} \ (\omega_{3dB} = \dfrac{1}{RC})。$

(2)假設當 $t=0$ 時，V_{in} 由 0V 變為 1V，則 V_{out} 會從 $t=0$ 時起由 0V 以指數方式遞增至 1V，即 $V_{out}(t) = [1-\exp(-\omega_{3dB}t)]$, $t \geq 0$。若定義 t_{rise} 為 V_{out} 由 0.1V 增至 0.9V 所需的時間，試證明 $t_{rise} = 2.2/\omega_{3dB}$。

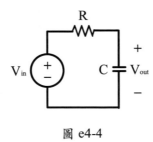

圖 e4-4

第五章

頻譜分析儀

　　示波器的主要功能是讓我們觀察訊號電壓隨時間變化的情形，至於頻譜分析儀(spectrum analyzer)則可以幫助我們分析訊號的頻域特性。假設訊號 x(t)含有 50Hz、150Hz 與 250Hz 三種頻率成分，即

　　$x(t) = \sin(100\pi t) + 0.3\sin(300\pi t) + 0.2\sin(500\pi t)$　　(volts)

將此訊號連接到示波器的輸入端，我們就可以在螢幕上看到如圖 5-1(a)所示的波形，將此訊號連接到頻譜分析儀的輸入端，螢幕所顯示的結果即為 x(t)中各頻率成分的大小，如圖 5-1(b)所示。

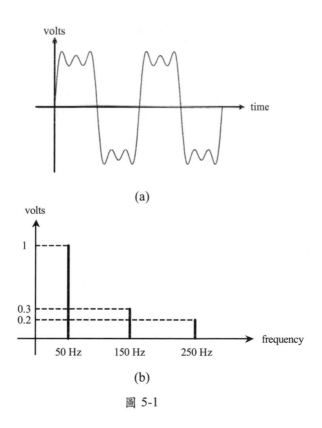

(a)

(b)

圖 5-1

如果以設計與製作的方式來區分，頻譜分析儀可以分為類比式頻譜分析儀與數位式頻譜分析儀兩大類。在本章中，我們將介紹兩種類比式頻譜分析儀，即濾波器組頻譜分析儀與超外差式頻譜分析儀，濾波器組頻譜分析儀是一種早期的類比式頻譜分析儀，構

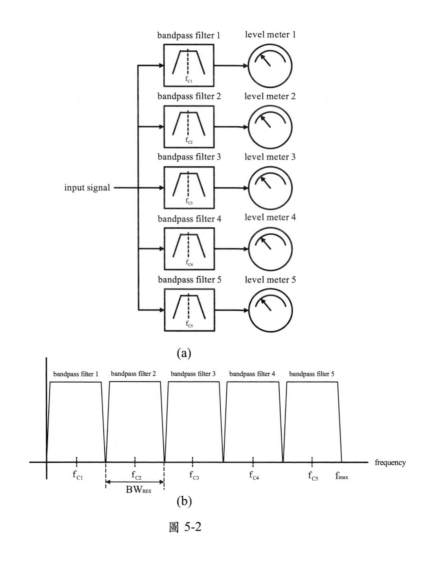

圖 5-2

造比較簡單，多用於語音頻帶(voice band)訊號的分析與量測，超外差式頻譜分析儀是目前最常見的類比式頻譜分析儀，其量測頻率範圍較大。至於數位式頻譜分析儀分析訊號頻域特性的方法則是先將輸入訊號數位化後，再計算其離散傅立葉轉換，在本章中，我們也將簡要說明數位式頻譜分析儀的訊號處理流程。

5.1 類比式頻譜分析儀

5.1.1 濾波器組頻譜分析儀

　　圖 5-2(a)為濾波器組頻譜分析儀(bank-of-filters spectrum analyzer)的系統架構，其核心為一組帶通濾波器(bandpass filter)，每個帶通濾波器的輸出端與一位準計(level meter)相連。為了方便說明，假設共有五個帶通濾波器(實際上每台濾波器組頻譜分析儀中可能含有數百個帶通濾波器)，這五個帶通濾波器的頻率響應如圖 5-2(b)所示(中心頻率分別為 f_{C1}、f_{C2}、f_{C3}、f_{C4} 與 f_{C5})。若頻譜分析儀的量測頻寬為 f_{max}，且每個帶通濾波器的通帶(passband)寬度為 BW_{RES}，則 $f_{max} = 5BW_{RES}$，換言之，所有帶通濾波器通帶寬度的總和與頻譜分析儀的量測頻寬相同。由於這五個帶通濾波器的輸入訊號都一樣(也就是頻譜分析儀的輸入訊號)，且每個帶通濾波器只能讓輸入訊號在其通帶範圍內的頻率成分通過，因此連至某個帶通濾波器輸出端的位準計所測得的訊號位準相當於輸入訊號在此帶通濾波器通帶範圍內的頻率成分大小。例如，第一個帶通濾波器的通帶範圍為 $0 \sim BW_{RES}$，因此對頻譜分析儀的輸入訊號來說，只有在此頻率範圍內的頻率成分才能通過第一個帶通

濾波器，而第一個位準計所測得的訊號位準就相當於輸入訊號在此頻率範圍內的頻率成分大小。同理，第二個位準計所測得的訊號位準相當於輸入訊號在 $BW_{RES} \sim 2BW_{RES}$ 的頻率範圍內的頻率成分大小。將所有位準計的量測結果收集起來，我們就可以了解輸入訊號在 $0 \sim f_{max}$ 的頻率範圍內含有哪些頻率成分以及各頻率成分的大小。

濾波器組頻譜分析儀設計與製作上最大的考量在於帶通濾波器的數目。如前所述，所有帶通濾波器通帶寬度的總和相當於頻譜分析儀的量測頻寬，如果帶通濾波器的總數為 N，則帶通濾波器通帶寬度 BW_{RES} 與頻譜分析儀量測頻寬 f_{max} 間的關係可以表示為

$$f_{max} = N \times BW_{RES}$$

如果帶通濾波器的通帶寬度為 100Hz，且頻譜分析儀的量測頻寬為 100kHz，則製作一台頻譜分析儀所需的帶通濾波器數目將多達 1000 個，然而，如果採用相同的帶通濾波器來製作一量測頻寬為 10kHz 的頻譜分析儀，就只需要 100 個帶通濾波器。由於帶通濾波器的數目直接影響頻譜分析儀的製作成本，因此通常只有用來量測低頻訊號的頻譜分析儀才會採用這種方式設計。

5.1.2 超外差式頻譜分析儀

超外差式頻譜分析儀(super-heterodyne spectrum analyzer)的量測頻率範圍遠大於濾波器組頻譜分析儀，目前市面上大部分的超外差式頻譜分析儀都可以提供 1GHz 以上的量測頻寬。為了使

讀者容易了解超外差式頻譜分析儀的原理，我們先說明如何利用可調式帶通濾波器(tunable bandpass filter)與位準計分析訊號的頻域特性。

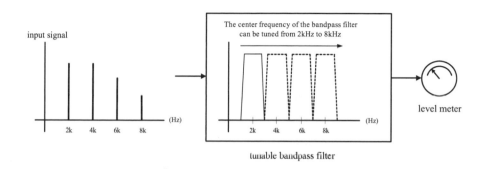

圖 5-3

　　假設可調式帶通濾波器的中心頻率可以在 2kHz ~ 8kHz 的範圍內變動，其輸入訊號含有 2kHz、4kHz、6kHz 與 8kHz 四種頻率成分，見圖 5-3。當我們將帶通濾波器的中心頻率設定為 2kHz 時，位準計的讀值相當於輸入訊號中 2kHz 的頻率成分的大小，同理，當帶通濾波器的中心頻率分別為 4kHz、6kHz 與 8kHz 時，位準計的讀值分別為輸入訊號中 4kHz、6kHz 與 8kHz 的頻率成分的大小，將這些位準計的讀值收集起來，我們就可以了解輸入訊號的頻域特性。

　　理論上，如果可調式帶通濾波器的中心頻率範圍夠大，我們只需要一個可調式帶通濾波器和一個位準計就可以分析訊號的頻域特性，實際上，要製作出中心頻率範圍夠大的可調式帶通濾波器並不容易。相反的，若固定帶通濾波器的中心頻率，同時改變

輸入訊號所在的頻段，不但可以達到同樣的目的，相關電路的設
計與製作也比較簡單，事實上，這就是超外差式頻譜分析儀分析
訊號頻域特性的方法。

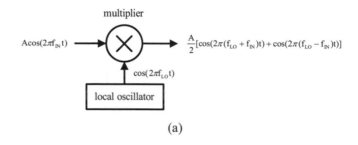

(a)

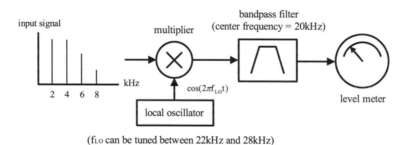

(b)

圖 5-4

　　圖 5-4(a)為超外差式頻譜分析儀中用來改變輸入訊號所在頻
段的電路。假設輸入訊號為一振幅為 A、頻率為 f_{IN} 的正弦波訊
號，利用乘法器將此訊號與一頻率為 f_{LO} ($f_{LO} > f_{IN}$)的正弦波訊號
(由本地振盪器(local oscillator)產生，其振幅為 1)相乘，可得

$$Acos(2\pi f_{IN}t) \cdot cos(2\pi f_{LO}t)$$

$$= \frac{A}{2}[\cos(2\pi(f_{LO} + f_{IN})t) + \cos(2\pi(f_{LO} - f_{IN})t)]$$

換言之，我們利用乘法器將一頻率為 f_{IN} 的正弦波訊號轉變為兩個頻率分別為 $f_{LO} + f_{IN}$ 與 $f_{LO} - f_{IN}$ 的正弦波訊號，這兩個正弦波訊號的振幅均為輸入訊號振幅的一半(即 A/2)。

我們以圖 5-4(b)來說明超外差式頻譜分析儀的原理，其中本地振盪器的輸出訊號頻率可以在 22kHz ~ 28kHz 的範圍內變動，帶通濾波器的中心頻率為 20kHz，而位準計的讀值為帶通濾波器輸出訊號的大小。如果乘法器的輸入訊號含有 2kHz、4kHz、6kHz 與 8kHz 四種頻率成分(見圖 5-5(a))，且本地振盪器的輸出訊號頻率為 22kHz，則乘法器的輸出訊號將含有如圖 5-5(h)所示的八種頻率成分，其中 14kHz 與 30kHz 這兩個頻率成分的大小為輸入訊號中 8kHz 頻率成分大小的一半，16kHz 與 28kHz 這兩個頻率成分的大小為輸入訊號中 6kHz 頻率成分大小的一半，18kHz 與 26kHz 這兩個頻率成分的大小為輸入訊號中 4kHz 頻率成分大小的一半，而 20kHz 與 24kHz 這兩個頻率成分的大小為輸入訊號中 2kHz 頻率成分大小的一半。由於只有 20kHz 的頻率成分可以通過帶通濾波器，因此將位準計的讀值乘以 2，即為輸入訊號中 2kHz 頻率成分的大小。

同理，如果本地振盪器的輸出訊號頻率分別為 24kHz、26kHz 與 28kHz(帶通濾波器的中心頻率固定不變)，則乘法器輸出訊號頻譜與帶通濾波器頻率響應間的關係將分別如圖 5-5(c)、圖 5-5(d) 與圖 5-5(e)所示，且位準計的讀值分別為乘法器輸入訊號中 4kHz、6kHz 與 8kHz 頻率成分大小的一半。由此可知，若固定帶

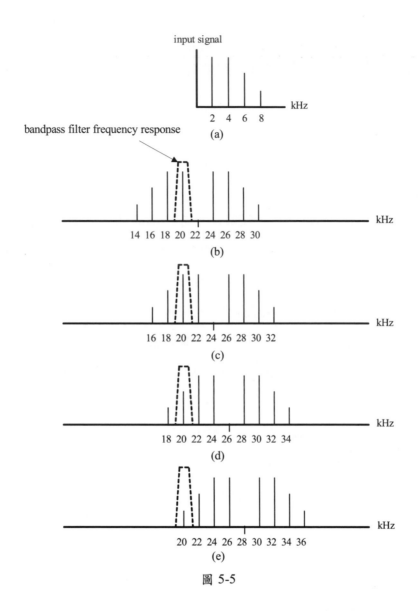

圖 5-5

通濾波器的中心頻率，同時適當調整本地振盪器輸出訊號的頻率，我們就可以讓輸入訊號的各頻率成分分別通過帶通濾波器，同時以位準計測量他們的大小。在這個例子中，為了簡化說明，我們假設本地振盪器輸出訊號的頻率範圍為 22kHz ~ 28kHz，實際上，超外差式頻譜分析儀中本地振盪器的輸出訊號頻率範圍遠大於此。

和濾波器組頻譜分析儀比起來，超外差式頻譜分析儀中的帶通濾波器數目較少，但量測頻率範圍卻較大。不過，由於超外差式頻譜分析儀不像濾波器組頻譜分析儀可以利用多個位準計同時測量輸入訊號中各頻率成分的大小，因此其量測速度較慢。

5.2 數位式頻譜分析儀

數位式頻譜分析儀分析輸入訊號頻域特性的方法是先將輸入訊號數位化後，再計算其離散傅立葉轉換。以下我們以最簡單的正弦波訊號為例，說明數位式頻譜分析儀的訊號處理流程，由於我們討論的是最簡單的情形，因此數位式頻譜分析儀內大部分的訊號處理流程都可以用傅立葉轉換表示式來描述，這些傅立葉轉換表示式都不需利用任何計算工具便可直接求得。此外，為了簡化說明，我們將只定性地介紹離散傅立葉轉換在數位式頻譜分析儀的整個訊號處理流程中所扮演的角色以及其特性對量測結果可能產生的影響，至於離散傅立葉轉換相關的數學表示式則不在本書討論的範圍內。

5.2.1 數位式頻譜分析儀的訊號處理流程

數位式頻譜分析儀是由取樣電路、乘法器、類比/數位轉換器與離散傅立葉轉換運算電路(DFT computing circuit)四個部分組

101

成，見圖 5-6，這四個部分涵蓋了數位式頻譜分析儀主要的訊號處理流程。

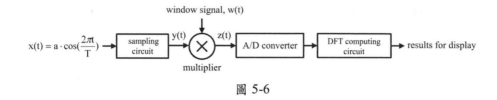

圖 5-6

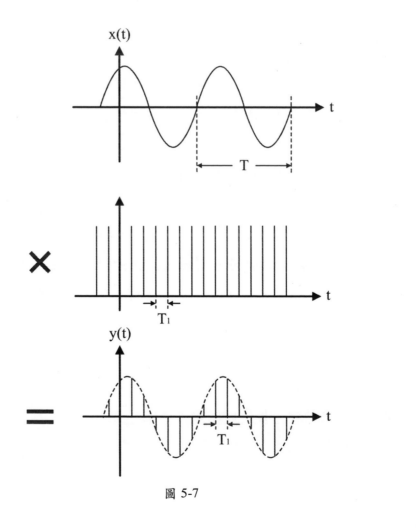

圖 5-7

　　假設輸入訊號為一週期為 T 的正弦波訊號，即 $x(t) = a \cdot \cos(2\pi t/T)$，若取樣頻率為 $1/T_1$，則取樣電路輸出訊號 $y(t)$的波形如圖 5-7 所示。

　　雖然取樣電路可以源源不斷地產生輸入訊號的取樣資料(每秒鐘可以產生 $1/T_1$ 筆取樣資料)，但數位式頻譜分析儀在計算輸入訊號的離散傅立葉轉換時，只會用到某一段時間內的取樣資料。理論上，取樣資料筆數愈多，量測結果愈準確，然而，由於數位式頻譜分析儀內部電路的運算能力有限，加上如果取樣資料筆數太多，量測速度就會因取樣時間增加而變慢，因此必須限制用來計算離散傅立葉轉換的取樣資料筆數。以前述週期為 T 的正弦波訊號為例，利用乘法器將取樣電路的輸出訊號與一寬度為 T_w 的視窗訊號(window signal)相乘，就可以達到這個目的，圖 5-8 為取樣電路輸出訊號 $y(t)$、視窗訊號 $w(t)$與乘法器輸出訊號 $z(t)$三者間的關係。

　　對數位式頻譜分析儀來說，乘法器輸出的取樣資料還必須經過類比/數位轉換器與離散傅立葉轉換運算電路處理，整個訊號處理流程才算完成。其實離散傅立葉轉換相關的數學表示式最適合用來描述類比/數位轉換器與離散傅立葉轉換運算電路的運作情形，但因為超出了本書的範圍，所以我們將直接推導乘法器輸出訊號 $z(t)$的傅立葉轉換表示式 $Z(f)$，再以 $Z(f)$隨頻率變化的圖形來表示量測結果。雖然 $Z(f)$與頻譜分析儀的實際量測結果並不完全相同(稍後我們會說明)，不過由於其推導過程比較簡單，因此仍不失為一幫助我們了解數位式頻譜分析儀原理的方法。

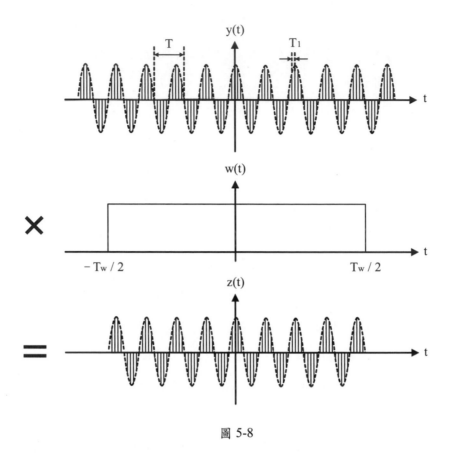

圖 5-8

正弦波訊號 x(t)的傅立葉轉換為

$$X(f) = \frac{a}{2}\delta(f - \frac{1}{T}) + \frac{a}{2}\delta(f + \frac{1}{T})$$

根據(1-4)式,取樣電路輸出訊號 y(t)的傅立葉轉換為

$$Y(f) = \frac{a}{2T_1}\sum_{n=-\infty}^{\infty}[\delta(f - \frac{n}{T_1} - \frac{1}{T}) + \delta(f - \frac{n}{T_1} + \frac{1}{T})]$$

圖 5-9(a)與圖 5-9(b)分別為取樣電路輸入訊號 x(t)與輸出訊號 y(t) 的傅立葉轉換。

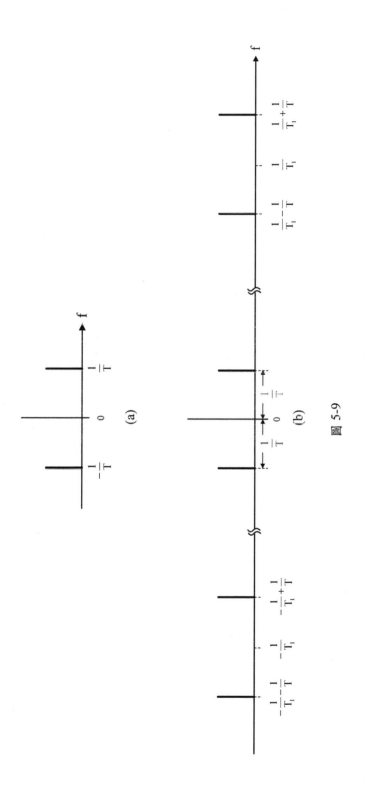

圖 5-9

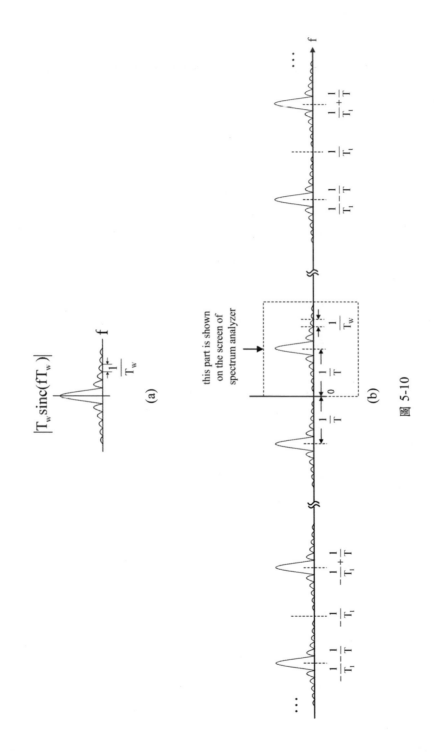

圖 5-10

視窗訊號 w(t)的傅立葉轉換為

$$W(f) = \int_{-T_w/2}^{T_w/2} [1 \cdot \exp(-j2\pi ft)]dt = T_w \operatorname{sinc}(fT_w)$$

其大小如圖 5-10(a)所示。

由於乘法器的輸出訊號 z(t)為取樣電路輸出訊號 y(t)與視窗訊號 w(t)之積，根據傅立葉轉換與卷積運算的特性，將取樣電路輸出訊號 y(t)的傅立葉轉換 Y(f)與視窗訊號 w(t)的傅立葉轉換 W(f)作卷積運算，就可以得到乘法器輸出訊號 z(t)的傅立葉轉換 Z(f)，即

$$Z(f) = Y(f) * W(f)$$

$$- \int_{-\infty}^{\infty} Y(\tau)W(f - \tau)d\tau$$

$$= \frac{aT_w}{2T_1} \int_{-\infty}^{\infty} \left\{ \sum_{n=-\infty}^{\infty} [\delta(\tau - \frac{n}{T_1} - \frac{1}{T}) + \delta(\tau - \frac{n}{T_1} + \frac{1}{T})] \operatorname{sinc}[(f - \tau)T_w] \right\} d\tau$$

將積分運算與累加運算的順序對調，可得

$$Z(f) = \frac{aT_w}{2T_1} \sum_{n=-\infty}^{\infty} \left\{ \int_{-\infty}^{\infty} \delta(\tau - \frac{n}{T_1} - \frac{1}{T}) \operatorname{sinc}[(f - \tau)T_w]d\tau + \right.$$

$$\left. \int_{-\infty}^{\infty} \delta(\tau - \frac{n}{T_1} + \frac{1}{T}) \operatorname{sinc}[(f - \tau)T_w]d\tau \right\}$$

$$= \frac{aT_w}{2T_1} \sum_{n=-\infty}^{\infty} \left\{ \operatorname{sinc}[(f - \frac{n}{T_1} - \frac{1}{T})T_w] + \operatorname{sinc}[(f - \frac{n}{T_1} + \frac{1}{T})T_w] \right\}$$

Z(f) 的大小如圖 5-10(b)所示。

　　雖然圖 5-10(b)和我們在頻譜分析儀螢幕上看到的結果大致相同，但兩者間仍有些微的差異。首先，我們利用傅立葉分析法

計算出來的 Z(f) 涵蓋了所有正、負頻率，而頻譜分析儀螢幕只會顯示圖 5-10(b) 中虛線內的部分。此外，由於輸入訊號 x(t) 的取樣資料筆數有限，因此數位式頻譜分析儀根據這些取樣資料計算出來的離散傅立葉轉換也是由有限筆資料組成，見圖 5-11。當然，取樣頻率愈高，輸入訊號的取樣資料筆數與離散傅立葉轉換運算電路輸出的資料筆數就愈多，量測結果也愈準確。

5.2.2 視窗訊號對量測結果的影響

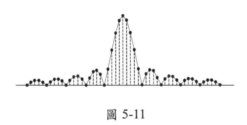

圖 5-11

我們已經大致說明了數位式頻譜分析儀的訊號處理流程。讀者也許會問：理論上，輸入正弦波訊號 x(t) 的頻譜應如圖 5-9(a) 所示，但這卻和我們在頻譜分析儀螢幕上看到的結果 (圖 5-11) 有很大的差別，原因為何？通常我們稱此現象為頻譜洩漏 (spectral leakage)。如前所述，視窗訊號的作用為選取某一段時間 (這段時間的長度即為視窗訊號的寬度) 內的輸入訊號取樣資料，以便數位式頻譜分析儀根據這些取樣資料計算輸入訊號的離散傅立葉轉換。若定義圖 5-6 中乘法器的輸出訊號為時間記錄 (time record)，則數位式頻譜分析儀在計算離散傅立葉轉換時必須假設原輸入訊號(也就是離散傅立葉轉換所對應的時域訊號)是由重複而連續的時間記錄組合而成(這是離散傅立葉轉換的重要性質,在此我們不加以證明)。以前述週期為 T 的正弦波訊號為例,如果時間記錄的長度 T_w 為正弦波訊號週期 T 的整數倍,則離散傅立葉轉換所對應的時域訊號(見圖 5-12(a))與輸入正弦波訊號相同,我們也就可以將數位式頻譜分析儀的量測結果視為輸入正弦波訊號的頻域特性。然而,如果時間記錄的長度並非正弦波訊號週期的整數倍(大部分的情況是如此),兩時間記錄相連處就會有不連續的情形,而離散傅立葉轉換所對應的時域訊號(見圖 5-12(b))就不會和輸入正弦波訊號一樣,此即頻譜洩漏的成因。

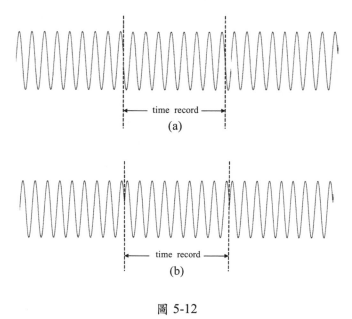

圖 5-12

　　為了改善頻譜洩漏的現象同時提高量測結果的準確性，通常我們會根據輸入訊號的特性採用適當的視窗訊號以減少兩時間記錄相連處不連續的情形(事實上，大多數的數位式頻譜分析儀均提供數種不同的視窗訊號供使用者選擇設定)。以前述正弦波訊號為例，如果改用圖 5-13(b)中的視窗訊號，則取樣電路輸出訊號、視窗訊號與乘法器輸出訊號三者間的關係將如圖 5-13(a) ～ (c)所示，而在此情況下，離散傅立葉轉換所對應的時域訊號將如圖 5-13(d)所示，很明顯的，由於視窗訊號的作用，即使時間記錄的長度並非正弦波訊號週期的整數倍，兩時間記錄相連處也不會有不連續的情形，圖 5-14 為在此情況下數位式頻譜分析儀的量測結果，由此可知，對輸入正弦波訊號來說，採用圖 5-13(b)的視窗訊號所得到的量測結果比採用圖 5-8 的視窗訊號所得到的量測結果準確。

　　以上我們以正弦波訊號為例，說明不同的視窗訊號對量測結果可能產生的影響。事實上，視窗訊號的種類很多，每一種適用的場合都不一樣，在使用數位式頻譜分析儀時，如果能夠選用適當的視窗訊號，對提高量測結果的準確性會有很大的幫助。

5.3 頻譜分析儀的解析頻寬

　　對濾波器組頻譜分析儀來說，帶通濾波器的通帶寬度即為其解析頻寬(resolution bandwidth)。如果兩訊號的頻率間距小於解析頻寬，我們就無法判斷其大小。以圖 5-2 的濾波器組頻譜分析儀為例，如果輸入訊號含有 f_1、f_2、f_3 與 f_4 四種頻率成分，其中頻

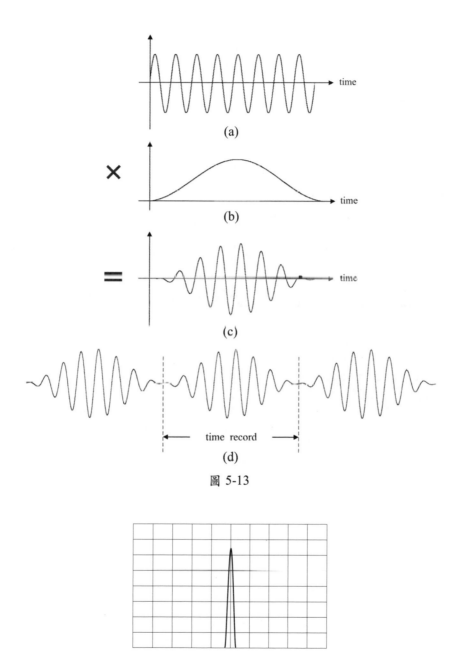

(a)

×

(b)

=

(c)

time record

(d)

圖 5-13

圖 5-14

率為 f_3 與 f_4 的頻率成分分別位於第三與第五個帶通濾波器的通帶範圍內,而頻率為 f_1 與 f_2 的頻率成分均位於第二個帶通濾波器的通帶範圍內(見圖 5-15(a)),則第三與第五個位準計的讀值分別為頻率為 f_3 與 f_4 的頻率成分的大小,但第二個位準計的讀值卻同時受頻率為 f_1 與 f_2 這兩個頻率成分的影響,因此我們無法根據第二個位準計的讀值判斷頻率為 f_1 與 f_2 這兩個頻率成分的大小。在這個例子中,如果帶通濾波器的通帶寬度減半,且帶通濾波器與位準計的數目增倍(這十個帶通濾波器的頻率響應如圖 5-15(b)所示),則第三與第四個位準計的讀值即分別為頻率為 f_1 與 f_2 的頻率

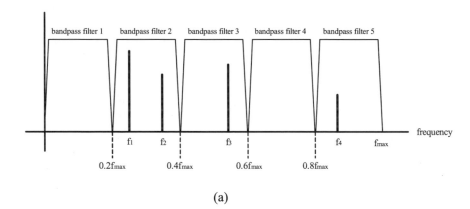

(a)

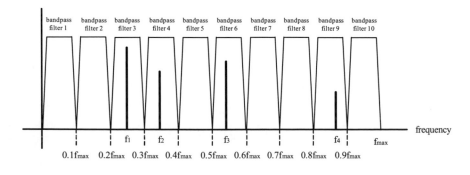

(b)

圖 5-15

成分的大小。由此可知，頻譜分析儀的解析頻寬愈窄，我們愈容易利用它來分辨頻率間距很小的訊號。

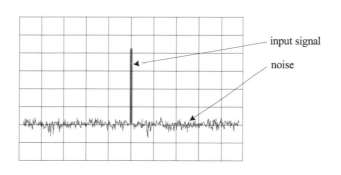

圖 5-16

5.4 頻譜分析儀的解析頻寬對量測動態範圍的影響

　　圖 5-16 為典型的頻譜分析儀量測結果，其中除了輸入訊號以外，還有雜訊。雜訊的來源很多，除了輸入訊號附帶的雜訊外，頻譜分析儀內部電路產生的雜訊也可能影響測試結果。我們在頻譜分析儀螢幕上看到的雜訊位準會受解析頻寬大小的影響，以濾波器組頻譜分析儀為例，由於連至某個帶通濾波器輸出端的位準計所測得的雜訊位準相當於輸入雜訊在此帶通濾波器通帶範圍內的總功率，因此頻譜分析儀的解析頻寬(也就是帶通濾波器的通帶寬度)愈窄，我們在螢幕上看到的雜訊位準(也就是位準計所測得的雜訊位準)愈低。

　　頻譜分析儀的動態範圍(dynamic range)是指當我們量測訊號時，螢幕所能顯示的最大訊號與最小訊號的位準差。通常頻譜分析儀螢幕所能顯示的最小訊號位準會受解析頻寬大小的影響，如果解析頻寬太寬，螢幕顯示的雜訊位準可能會比輸入訊號的位準高，我們就無法判斷輸入訊號的大小。假設輸入訊號含有頻率為 f_1 與 f_2 的兩種頻率成分，其中頻率為 f_2 的頻率成分位準較低，從圖

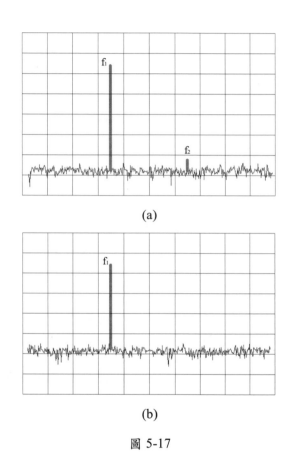

(a)

(b)

圖 5-17

5-17 可以看出，由於增加解析頻寬使螢幕顯示的雜訊位準提高，因此我們只能觀察到輸入訊號中位準較高的部分(也就是頻率為 f_1 的頻率成分)。一般來說，輸入訊號位準必須比螢幕顯示的雜訊位準高，我們才能測得其大小，所以頻譜分析儀的解析頻寬愈寬，

螢幕所能顯示的最小訊號位準愈高,動態範圍也愈小。

5.5 頻譜分析儀的視訊頻寬

和解析頻寬一樣,視訊頻寬(video bandwidth)也會影響雜訊的量測。頻譜分析儀的視訊頻寬愈窄,我們愈容易根據量測結果判斷雜訊的位準。假設將一正弦波訊號連接到頻譜分析儀的輸入端後,螢幕顯示的量測結果如圖 5-18(a)所示,如果使用相同的解析頻寬,同時改用較窄的視訊頻寬,則螢幕顯示的量測結果中雜訊

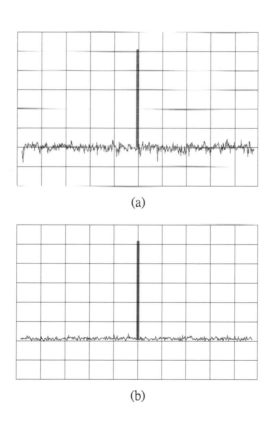

(a)

(b)

圖 5-18

部分的變動幅度會變小(見圖 5-18(b))，我們也比較容易判斷其位
準。

第五章習題

1. 試簡述示波器與頻譜分析儀的主要功能差異。

2. 假設某訊號含有如圖 e5-2 所示的六種頻率成分。如果我們想利用一頻譜分析儀測量此訊號中各頻率成分的大小,則此頻譜分析儀的解析頻寬大小必須符合什麼條件?

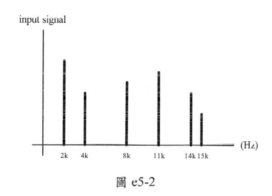

圖 e5-2

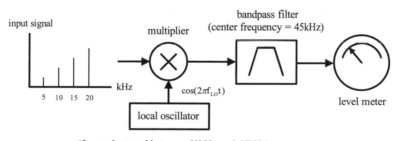

(f$_{LO}$ can be tuned between 50kHz and 65kHz)

圖 e5-3

3. 圖 e5-3 為超外差式頻譜分析儀的系統架構,假設其中本地振盪器的輸出訊號頻率可以在 50kHz ~ 65kHz 的範圍內變動,而帶通濾波器的中心頻率為 45kHz。如果頻譜分析儀的輸入訊號含

有 5kHz、10kHz、15kHz 與 20kHz 四種頻率成分,則當本地振
盪器的輸出訊號頻率為 60kHz 時,由位準計的讀值可以決定輸
入訊號中的哪一個頻率成分的大小?

4. 為什麼數位式頻譜分析儀在計算輸入訊號的離散傳立葉轉換
   時,只會用到某一段時間(這段時間的長度由視窗訊號決定)內
   的輸入訊號取樣資料?

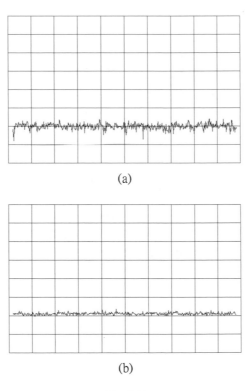

(a)

(b)

圖 e5-5

5. 假設有兩台相同的頻譜分析儀,這兩台頻譜分析儀都沒有連接

待測訊號，除了視訊頻寬以外，所有其他的儀器設定都相同。如果圖 e5-5(a)與圖 e5-5(b)為這兩台頻譜分析儀螢幕顯示的結果，則哪一個可能為視訊頻寬較大的頻譜分析儀螢幕顯示的結果？

常用電子量測儀器原理

120

邏輯分析儀

6.1 邏輯分析儀與示波器的比較

　　在發展數位電路系統的過程中，電子工程師經常需要同時觀察系統與外界相連的每一個數位訊號以驗證其設計，由於訊號的數目很多，而且這些訊號都是由一連串不規則的 0 與 1 組成(見圖 6-1)，因此測試儀器除了必須具備足夠的輸入訊號通道(channel) 外，也要能夠讓使用者設定複雜的觸發條件以分析數位訊號的內容。一般的示波器最多只能同時測量四個訊號，而且只能提供諸如訊號位準與訊號斜率等比較簡單的觸發條件設定功能，並不適合用來測量複雜的數位訊號。相反的，邏輯分析儀(logic analyzer) 不但具有足夠的輸入訊號通道，也可以用來分析數位訊號的內容，是發展數位電路系統不可或缺的工具。

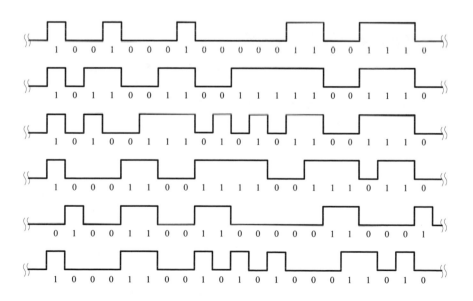

圖 6-1

雖然邏輯分析儀所能測量的訊號數目比較多，但它只能用來分析數位訊號的邏輯狀態(0 或 1)，如果我們想了解與數位訊號波形有關的特性(例如上升時間及訊號位準)，還是必須利用示波器。

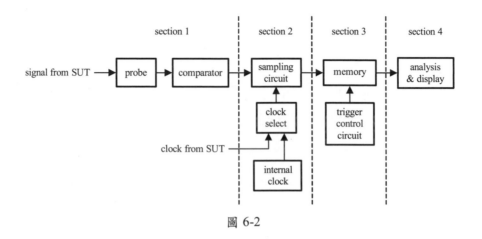

圖 6-2

6.2 邏輯分析儀的訊號處理流程

　　圖 6-2 為邏輯分析儀的系統架構(雖然探針為邏輯分析儀的配件，但由於是待測訊號必經之處，且其特性也可能影響測試結果，因此我們將它視為整個量測系統的一部分)，其中比較器的主要功能是判斷輸入訊號的邏輯狀態，而取樣電路則會根據我們設定的量測模式選擇參考時鐘並對比較器的輸出訊號取樣。一旦取樣電路輸出的資料被送到記憶體中，觸發控制電路就會根據我們設定的觸發條件決定記憶體中哪些資料須保留，哪些資料可以丟棄。最後，保留在記憶體中的資料經過分析，就會以適當的形式顯示在螢幕上。以下我們將對邏輯分析儀的整個訊號處理流程作更詳細的說明。

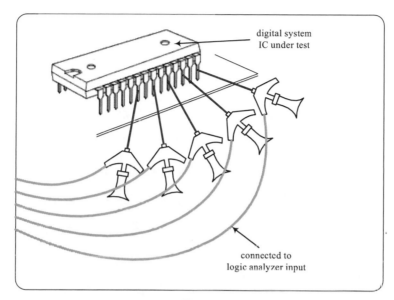

圖 6-3

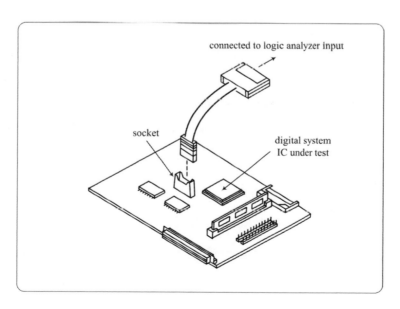

圖 6-4

125

6.2.1 探針

6.2.1.1 探針的型式

　　邏輯分析儀探針的型式很多，每一種適用的場合都不一樣。如果待測積體電路元件是採用傳統的 DIP(dual in-line package)封裝技術，而且我們所要測量的訊號數目不多，就可以使用圖 6-3 的探針。如果待測積體電路元件是採用接腳密度比較高的 SMT(surface mounting technology)封裝技術，我們可以在設計印刷電路板時於待測積體電路元件附近預留一個測試用的插槽 (socket)，插槽中所有的插孔均與待測積體電路元件的接腳相連，將特製的連接器插入插槽中(此連接器以匯流排線與邏輯分析儀的輸入端相連，如圖 6-4 所示)，即可同時分析待測積體電路元件的每一個訊號。雖然測試用的插槽會增加印刷電路板的製作成本，但卻可以簡化測試前的準備工作，同時提高數位電路系統的研發效率，因此非常值得。

6.2.1.2 探針電容對量測結果的影響

　　利用示波器測量方波訊號時，探針電容愈大，示波器輸入方波訊號的上升時間愈長，量測結果愈不準確。這個結論也適用於邏輯分析儀。假設邏輯分析儀探針的輸入訊號為理想的方波訊號(見圖 6-5(a))，由於探針電容的影響，探針輸出訊號(即比較器的輸入訊號)會以指數方式遞增(見圖 6-5(b))，而比較器的輸出訊號(見圖 6-5(c))與邏輯分析儀探針的輸入訊號間就會有一時間延遲誤差Δt。探針電容愈大，比較器輸入訊號的上升時間愈長，時間

延遲誤差也愈大，因此，當我們使用邏輯分析儀時，應儘量選用
電容值較小的探針，以提高量測結果的準確性。

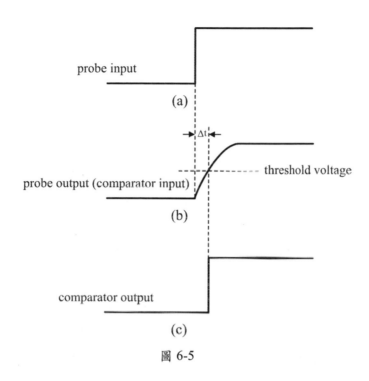

probe input

(a)

Δt

threshold voltage

probe output (comparator input)

(b)

comparator output

(c)

圖 6-5

6.2.2 比較器

　　如前所述，邏輯分析儀只能用來分析數位訊號的邏輯狀態，
而圖 6-2 中比較器的作用就是根據輸入訊號位準與門限電壓的關
係來判斷其邏輯狀態，當輸入訊號位準大於門限電壓時為邏輯狀
態 1，小於門限電壓時為邏輯狀態 0。圖 6-6 為典型的比較器輸入
訊號與輸出訊號間的關係。通常待測數位電路的訊號位準會因製
程技術不同而異，例如 CMOS(complementary metal oxide
semiconductor)電路的訊號位準與 ECL(emitter-coupled logic)電路

的訊號位準就不一樣,而大多數邏輯分析儀中比較器的門限電壓值都可以調整,以適應不同的測試需求。

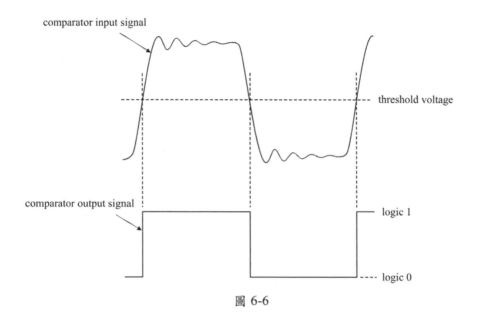

comparator input signal

threshold voltage

comparator output signal

logic 1

logic 0

圖 6-6

6.2.3 取樣電路

　　大部分的邏輯分析儀都可以提供時序分析(timing analysis)與狀態分析(state analysis)兩種量測模式,使用者可以根據量測需求作適當的設定,而取樣電路則會根據設定的量測模式選擇參考時鐘並對比較器的輸出訊號取樣。如果選擇時序分析模式,取樣電路就會以邏輯分析儀的內部時鐘為參考時鐘運作,而在狀態分析模式下,取樣電路的運作將會與來自待測系統的時鐘同步。以下我們以四位元計數器輸出訊號的測試為例,說明這兩種測試方法的原理及差異。

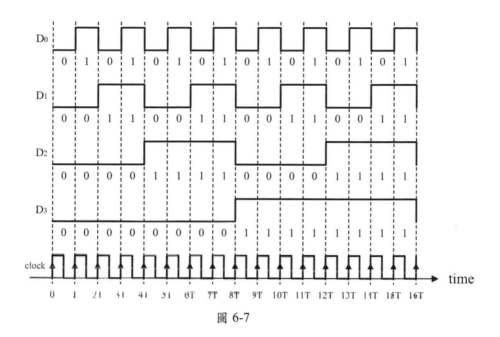

圖 6-7

6.2.3.1 時序分析模式

　　在時序分析模式下，邏輯分析儀的運作方式與即時取樣示波器類似，其取樣頻率與邏輯分析儀的內部時鐘頻率相同，假設邏輯分析儀的內部時鐘頻率為 f_{CLK}(Hz)，則取樣時間間隔為 T_{CLK}(= $1/f_{CLK}$)秒。雖然我們可以利用這種量測模式觀察待測數位訊號的波形，但由於是對比較器的輸出訊號取樣，因此無法從測試結果判斷待測訊號的大小。利用時序分析模式測得的四位元計數器輸出訊號(含時鐘訊號)波形如圖 6-7 所示。

　　一般來說，邏輯分析儀的內部時鐘頻率愈高，時序分析結果愈準確。以圖 6-8 為例，雖然在 $t = 5T_{CLK}$ 之前比較器的輸出訊號就已經從邏輯狀態 0 變為邏輯狀態 1，但取樣電路輸出訊號的邏

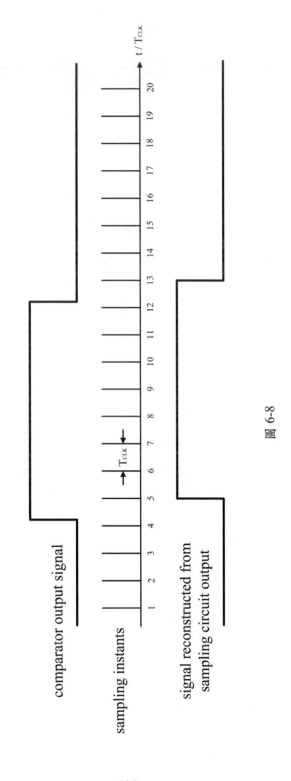

圖 6-8

輯狀態必須等到 $t = 5T_{CLK}$ 時才會跟著改變，類似的情形也發生在 $t = 12T_{CLK}$ 與 $t = 13T_{CLK}$ 之間。由圖 6-8 亦可知，取樣電路輸出訊號與比較器輸出訊號間的時間延遲誤差最多可達一個取樣時間間隔 (T_{CLK})，因此，邏輯分析儀的內部時鐘頻率愈高，取樣時間間隔愈小，誤差也愈小。

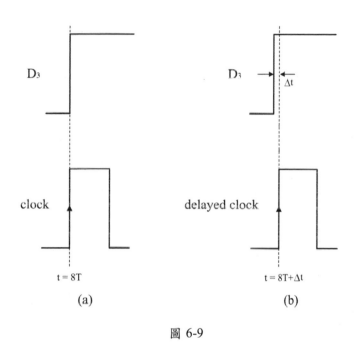

圖 6-9

6.2.3.2 狀態分析模式

　　時序分析模式可以讓我們觀察數位訊號的波形，然而，如果我們想要分析數位訊號的內容，就應選用狀態分析模式。假設前述四位元計數器的時鐘訊號週期為 T 秒，則每隔 T 秒此計數器的輸出狀態就會改變一次。由於在狀態分析模式下，取樣電路的取樣時間間隔與計數器的時鐘訊號週期相同，因此我們可以從取樣結果了解計數器輸出狀態的變化情形。

表 6-1

sample no.	sample in binary $(D_3D_2D_1D_0)$	sample in hex	time stamp
1	0 0 0 0	0	0
2	0 0 0 1	1	1 ms
3	0 0 1 0	2	2 ms
4	0 0 1 1	3	3 ms
5	0 1 0 0	4	4 ms
6	0 1 0 1	5	5 ms
7	0 1 1 0	6	6 ms
8	0 1 1 1	7	7 ms
9	1 0 0 0	8	8 ms
10	1 0 0 1	9	9 ms
11	1 0 1 0	A	10 ms
12	1 0 1 1	B	11 ms
13	1 1 0 0	C	12 ms
14	1 1 0 1	D	13 ms
15	1 1 1 0	E	14 ms
16	1 1 1 1	F	15 ms
17	0 0 0 0	0	16 ms
18	0 0 0 1	1	17 ms
19	0 0 1 0	2	18 ms

counter clock frequency = 1000Hz

一般來說，取樣電路必須在計數器輸出狀態穩定的情況下取樣，才能得到正確的結果。如果計數器輸出狀態改變與取樣電路取樣的時間點都在時鐘訊號的上升邊緣，則時鐘訊號必須經過適當的延遲，才能用來控制取樣電路。以圖 6-7 為例，當 t = 8T 時，計數器輸出的最高有效位元(most significant bit)D_3 從邏輯狀態 0 變為邏輯狀態 1，由於此時計數器的時鐘訊號位準也在上升(見圖 6-9(a))，如果直接以此時鐘作為取樣電路的參考時鐘，就有可能得到錯誤的取樣結果。如果計數器的時鐘訊號經過適當的延遲(見圖 6-9(b))，再用來控制取樣電路，取樣結果就可以代表計數器輸出狀態的變化情形。表 6-1 為利用狀態分析模式測得的四位元計數器輸出狀態，其中包括二進位與十六進位(hexadecimal)兩種表示法。

6.2.4 記憶體與觸發控制電路

　　除了具有較多的輸入訊號通道外，邏輯分析儀與示波器的另一主要差別在於可以讓使用者設定複雜的觸發條件以擷取特定的數位訊號，而這也是圖 6-2 中的記憶體與觸發控制電路(trigger control circuit)最主要的功能。

　　邏輯分析儀的記憶體容量取決於記憶體寬度(memory width)與記憶體深度(memory depth)。記憶體的寬度直接反映了邏輯分析儀的輸入訊號通道數，如果我們想分析某個三十二位元匯流排上的數位訊號，則記憶體的寬度至少應為 32。至於記憶體深度則和取樣電路的取樣頻率與量測時間有關，他們的關係為

$$記憶體深度 = 取樣頻率 \times 量測時間$$

對任一個通道來說，取樣電路每取樣一次，就會有一位元的資料

存入記憶體中，因此如果取樣頻率為 1M(Hz)，則一記憶體深度為 2M(bits)的邏輯分析儀只能儲存兩秒鐘的待測訊號資料，如果取樣頻率變為 1k(Hz)，則同一個記憶體將可儲存一千秒的待測訊號資料。

為了方便說明，我們以一寬度為 4，深度為 11(bits)的記憶體 (見圖 6-10)為例，說明記憶體與觸發控制電路的運作情形。假設邏輯分析儀工作於狀態分析模式。由第一個通道輸入的資料對應於待測數位訊號的最高有效位元，由第四個通道輸入的資料對應於待測數位訊號的最低有效位元(least significant bit)，而我們所設定的觸發條件為十六進位的 A、B、C 三個字元，如圖 6-10 中的灰色部分所示。對任一個通道來說，取樣電路每取樣一次，就會有一位元的資料存入記憶體中。由於記憶體的容量有限，取樣電路輸出的資料在很短的時間內就會將記憶體空間佔滿，因此只要是不符合觸發條件的資料，都會依照先進先出(first in first out, FIFO)的原則從記憶體的輸出端〝溢出〞。在量測的過程中，觸發控制電路一直在比對記憶體中的資料，一旦發現符合觸發條件的資料(我們稱之為觸發事件(trigger event))，記憶體內所有的資料就會被鎖住，在此情況下，取樣電路輸出的資料無法再存入記憶體中，也不會有任何資料從記憶體的輸出端流失。

除了擷取符合觸發條件的資料外，大部分的邏輯分析儀也可以將發生在觸發事件之前或發生在觸發事件之後的資料儲存起來，要達到這個目的，使用者必須決定觸發控制電路要從記憶體中的哪個位置比對出符合觸發條件的資料。以圖 6-10 為例，由於

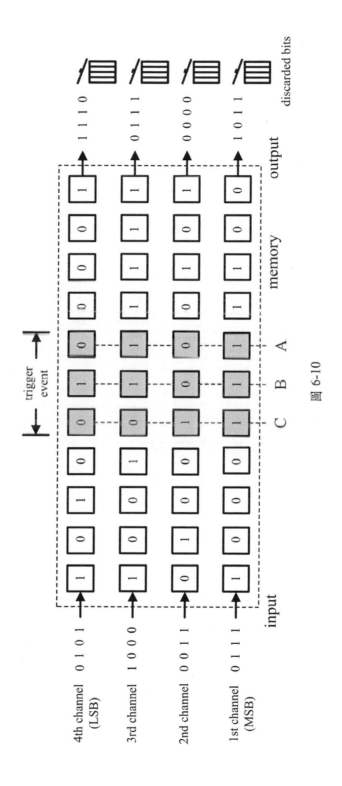

圖 6-10

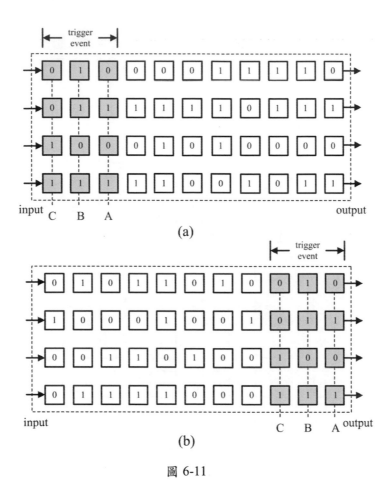

圖 6-11

　　觸發控制電路一直在比對記憶體中心的十二個位元的資料，因此當 A、B、C 三個字元〝到達〞記憶體的中心位置時，記憶體內的資料就會被鎖住。如果觸發控制電路比對的是比較靠近記憶體輸入端的十二個位元的資料，我們就可以多儲存一些發生在觸發事件之前的資料，如圖 6-11(a)所示。而如果比對的是比較靠近記憶體輸出端的十二個位元的資料，就可以多儲存一些發生在觸發事件之後的資料，如圖 6-11(b)所示。對利用微處理器(microprocessor)設計數位系統的工程師來說，這個功能非常重要。例如，符合觸發條件的資料可能代表微處理器在執行程式的過程中發生的某個錯誤狀況，如果可以擷取到觸發事件發生前的資料，就可以分析導致此錯誤狀況的原因，而發生在觸發事件之後的資料也有助於了解此錯誤狀況對數位系統的影響。

6.2.5 資料的分析與顯示

　　儲存在記憶體中的資料經過分析，就會以適當的形式顯示在螢幕上。邏輯分析儀顯示測試結果的方法包括訊號波形(僅適用於時序分析模式)、二進位表示法、十六進位表示法以及程式指令(program instructions)等。其中二進位與十六進位表示法只適用於比較簡單的數位訊號，而程式指令則較常用來分析微處理器程式執行的過程。由於微處理器匯流排上的資料量很大，如果能夠將這些資料所代表的程式指令解譯並顯示出來，使用者就不必花費時間解讀大量的二進位資料。有些邏輯分析儀甚至可以提供這些程式指令所對應的原始程式碼(source code)，讓使用者在發現問題後可以立即修改原始程式，以縮短數位系統的研發時程。

第六章習題

1. 試簡述邏輯分析儀與示波器的主要功能差異。

2. 當我們使用邏輯分析儀時,應如何選擇探針,以減少量測結果的時間延遲誤差?

3. 試簡述在時序分析模式與狀態分析模式下,邏輯分析儀取樣電路所選用的參考時鐘有何不同。

4. 假設從 t = 6ms 到 t = 16ms 這段期間待測系統輸出的數位訊號 (其中 D_3 為最高有效位元,D_0 為最低有效位元)及時鐘訊號的波形如圖 e6-4 所示。如果邏輯分析儀的取樣電路與此時鐘訊號同步(即邏輯分析儀運作於狀態分析模式),試以二進位及十六進位兩種表示法將這段期間邏輯分析儀的量測結果填入表 e6-4。

5. 假設邏輯分析儀工作於狀態分析模式。待測系統的時鐘訊號週期為 2ms。如果我們設定的觸發條件為 10101 五個位元,而觸發控制電路比對的是比較靠近記憶體輸出端的五個位元的資料 (如圖 e6-5 中的灰色部分所示)。當 t = 10ms 時,記憶體中的資料如圖 e6-5 所示,則何時觸發控制電路可以比對出符合觸發條件的資料?

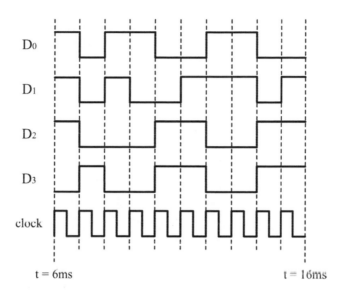

圖 e6-4

表 e6-4

time	result in binary $(D_3D_2D_1D_0)$	result in hex
6ms ~ 7ms		
7ms ~ 8ms		
8ms ~ 9ms		
9ms ~ 10ms		
10ms ~ 11ms		
11ms ~ 12ms		
12ms ~ 13ms		
13ms ~ 14ms		
14ms ~ 15ms		
15ms ~ 16ms		

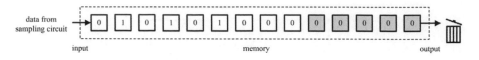

圖 e6-5

頻率計數器

顧名思義,頻率計數器(frequency counter)是用來測量訊號頻率的儀器。頻率計數器有兩種主要的操作模式,即頻率量測模式與週期量測模式。一般來說,頻率量測模式常用來量測較高頻的訊號,如果待測訊號的頻率較低,則週期量測模式會是比較好的選擇。在本章中,我們除了介紹頻率計數器量測訊號頻率與週期的原理外,也將說明量測誤差的成因。

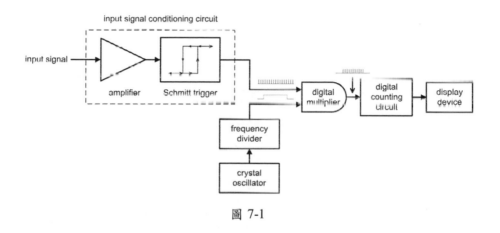

圖 7-1

7.1 頻率量測模式

當頻率計數器操作於頻率量測模式(frequency measurement mode)時,其系統架構如圖 7-1 所示。頻率計數器的頻率量測功能主要是由其數位計數電路(digital counting circuit)完成。雖然數位計數電路只能量測方波訊號的頻率,不過一般來說,只要是週期性訊號,不論是方波、正弦波或三角波訊號的頻率,都可以利用頻率計數器測得。頻率計數器之所以能夠量測正弦波或三角波訊號的頻率,主要是因為輸入訊號調節電路可以將輸入訊號的波形轉換成數位計數電路能夠接受的形式。除了改變輸入訊號的波形外，輸入訊號調節電路還有調整訊號位準的功能。

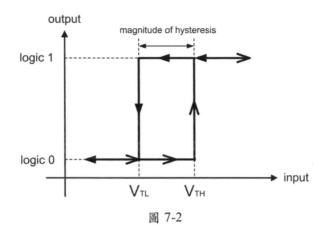

圖 7-2

7.1.1 輸入訊號調節電路

在本節中，我們要介紹兩個重要的輸入訊號調節電路，即施密特觸發電路(Schmitt trigger)與放大器，這兩個電路的主要功能分別為改變輸入訊號的波形及調整輸入訊號的位準。

施密特觸發電路是具有磁滯(hysteresis)的比較器。和我們在第 3.2.1 節介紹的比較器不同的是，它有兩個門限電壓 V_{TH} 與 V_{TL}($V_{TH} > V_{TL}$)，兩者之差($V_{TH} - V_{TL}$)稱為磁滯的大小(magnitude of hysteresis)。施密特觸發電路的輸入訊號與輸出訊號間的關係如圖 7-2 所示。當輸出訊號狀態為 logic 0 時，輸入訊號的大小必須超過V_{TH}，輸出訊號狀態才會變為 logic 1，以圖 7-3 為例，當 $t = t_1$ 時，輸入訊號的大小超過了 V_{TL}，隨後繼續增加，在 $t = t_2$ 時達到 V_{TH}，因此輸出訊號的狀態在 $t = t_2$ 時由 logic 0 變為 logic 1，此外，雖然輸入訊號的大小在 $t = t_6$ 時達到 V_{TL}，但因為沒有繼續增至 V_{TH}，因此輸出訊號只能維持在 logic 0 的狀態。相反的，當輸出訊號狀態為 logic 1 時，輸入訊號的大小必須低於 V_{TL}，輸出訊號狀態才會變為 logic 0，以圖 7-3 為例，雖然在 $t = t_3$ 時，輸入訊號的大小降為 V_{TH}，但因為沒有繼續降至 V_{TL}，因此輸出訊號只能維持在 logic 1 的狀態，而當 $t = t_4$ 時，輸入訊號的大小降為 V_{TH}，隨後繼續減少，在 $t = t_5$ 時降至 V_{TL}，因此輸出訊號的狀態在 $t = t_5$ 時由 logic 1 變為 logic 0。

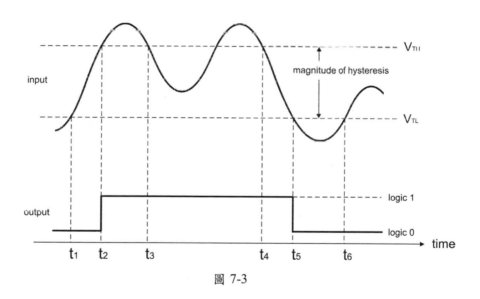

圖 7-3

　　施密特觸發電路最主要的作用是將頻率計數器輸入訊號的波形轉換成數位計數電路能夠接受的形式。例如，當輸入訊號為正弦波訊號時，我們可以利用施密特觸發電路將此訊號轉換為頻率相同的方波訊號，如圖 7-4 所示。讀者也許會問，如果採用一般

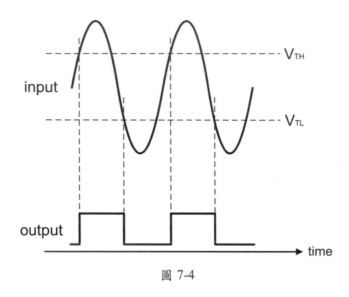

圖 7-4

的比較器(見圖 3-10)，不是也可以達到同樣的目的？我們之所以採用施密特觸發電路，主要是因為頻率計數器的輸入訊號可能含有雜訊，在這種情況下，如果採用一般的比較器，就會有量測誤差產生。從圖 7-5(a)與圖 7-5(b)可以看出當頻率計數器的輸入正弦波訊號含有雜訊時，採用一般的比較器與施密特觸發電路的差別。在圖 7-5(a)中，由於雜訊的影響，輸入訊號的大小在 $t = t_1$ 和 $t = t_2$ 之間越過門限電壓三次，使比較器多輸出了一個脈衝，而這個多餘的脈衝就會造成頻率量測的誤差。在圖 7-5(b)中，當 $t = t_2$ 時，輸入訊號的大小降為 V_{TL}，同時輸出訊號的狀態由 logic 1 變為 logic 0，而後雖然由於雜訊的作用使得輸入訊號的大小在 $t = t_3$ 時越過門限電壓 V_{TL}，但因為沒有超過 V_{TH}，因此不會有多餘的脈衝產生。從這個例子我們也可以了解，磁滯的大小愈大，施密特觸發電路所能容忍的雜訊愈大。

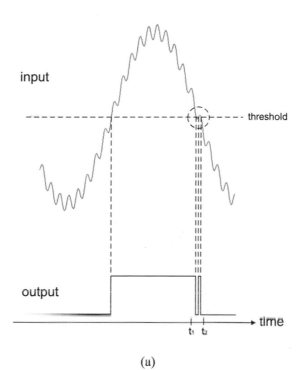

(a)

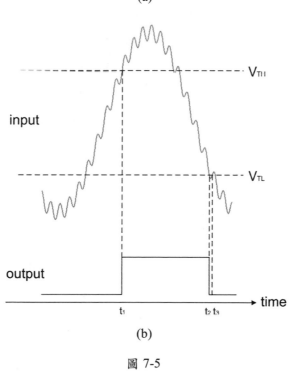

(b)

圖 7-5

147

除了利用施密特觸發電路調整頻率計數器輸入訊號的波形外，輸入訊號調節電路還有調整訊號位準的功能。以圖 7-6 為例，雖然輸入正弦波訊號不含雜訊，但位準卻太低，無法驅動施密特觸發電路，因此必須利用放大器提供適當的訊號增益。

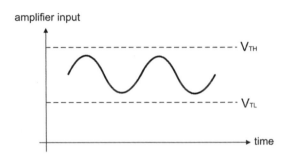

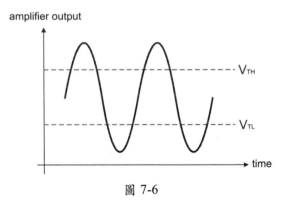

圖 7-6

7.1.2 數位計數電路

輸入訊號調節電路每秒輸出的脈衝數應與待測訊號的頻率相同。如果從 $t = t_1$ 到 $t = t_2$，數位計數電路總共收到 N 個脈衝(見圖 7-7)，則待測訊號的頻率為 $N/(t_2 - t_1)$。一般來說，由於數位計數電路的計數範圍有限，因此我們在量測訊號的頻率時必須限制數位計數電路的計數時間，而這也就是除頻器(frequency divider)輸出訊號的功能。圖 7-1 中的數位乘法器(digital multiplier)將施密特觸發電路的輸出訊號和除頻器的輸出訊號相乘，而數位計數電路

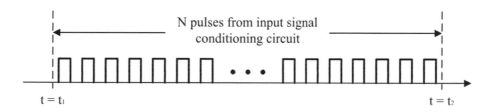

N pulses from input signal
conditioning circuit

t = t₁　　　　　　　　　　　　　　　　　t = t₂

圖 7-7

則根據數位乘法器的輸出訊號計數。通常除頻器輸出訊號的頻率遠較施密特觸發電路輸出訊號的頻率(也就是待測訊號的頻率)低，當除頻器輸出訊號的狀態由 logic 0 變為 logic 1 時，數位計數電路就會與施密特觸發電路的輸出訊號同步並開始計數，當除頻器的輸出訊號狀態即將回到 logic 0 時，數位計數電路的計數結果會被記錄下來，一旦除頻器的輸出訊號狀態回到 logic 0，數位計數電路便停止計數，同時被重置(reset)為 0，換言之，除頻器輸出訊號的作用有點類似數位計數電路的開關。假設除頻器的輸出訊號週期為 2T 秒，工作週期為 50%，如果在此訊號狀態為 logic 1 的半個週期(T 秒)內，數位計數電路總共計數了 n 次，則將計數結果 n 與計數時間 T 的比值計算出來(此運算亦由數位計數電路執行)，即為待測訊號的頻率。為了方便說明，假設除頻器的輸出訊號週期為 0.002 秒，工作週期為 50%，若待測訊號的頻率為 10^4 Hz，

常用電子量測儀器原理

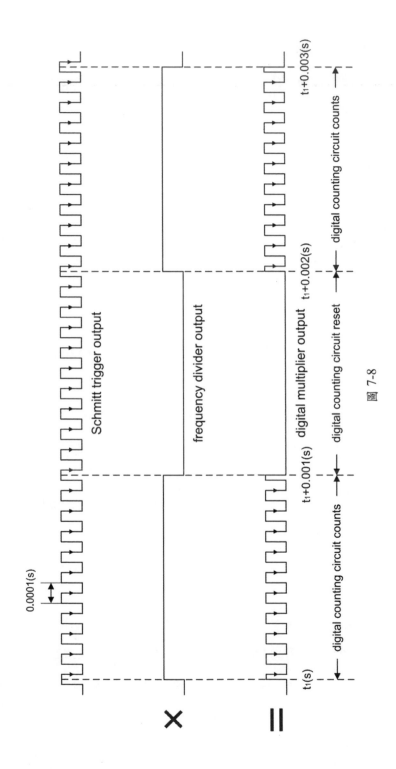

圖 7-8

150

則施密特觸發電路的輸出訊號、除頻器輸出訊號與數位乘法器輸出訊號間的關係如圖 7-8 所示，由此圖可以看出，從 $t = t_1$ 到 $t = t_1 + 0.001$ 的 0.001 秒內，數位計數電路總共計數了 10 次(假設數位計數電路狀態改變的時間點對應於其輸入訊號的下降邊緣)，因此施密特觸發電路輸出訊號的頻率為 $10/0.001 = 10^4 Hz$，而這也就是待測訊號的頻率。

由於除頻器的輸出訊號週期決定了數位計數電路的計數時間，而數位計數電路的計數時間又直接影響頻率計數器的測試結果，因此除頻器輸出訊號的週期必須精確而穩定。大多數的頻率計數器都是以石英晶體振盪器產生的訊號作為除頻器的輸入訊號，以提供所需的精確度。

7.1.3 量測結果的平均

由於施密特觸發電路的輸出與除頻器的輸出均為週期性訊號，因此每隔一段時間數位計數電路就會產生一筆計數結果，以圖 7-8 為例，從 $t = t_1 + 0.001$ 秒開始，每隔 0.002 秒就有一筆計數結果產生。如果待測訊號含有脈衝雜訊(impulse noise)，則以連續數筆計數結果的平均值來表示量測結果會比僅採用某一筆計數結果準確。假設從 $t = t_1 + 0.001$ 秒到 $t = t_1 + 0.017$ 秒的連續九筆計數結果均為 10，而脈衝雜訊使我們在 $t = t_1 + 0.019$ 秒得到的計數結果增為 11(我們將在第 7.3 節說明脈衝雜訊如何影響計數結果)，如果僅以最後這筆計數結果來表示待測訊號的頻率，量測誤差將高達 10 ％，如果將這 10 筆計數結果一起平均，則量測誤差將可減為 1 %。

7.1.4 待測訊號的頻率與量測準確性

一般來說，如果數位計數電路的計數範圍夠大，則待測訊號的頻率愈高，使用頻率量測模式的效果愈好。若石英晶體振盪器的輸出訊號頻率為 50 MHz，除頻器的除頻倍數為 10^5，除頻器輸出訊號的工作週期為 50%，則數位計數電路的計數時間為$[50 \times 10^6/10^5]^{-1} \times 50\% = 10^{-3}$ 秒。假設待測訊號的頻率為 10^4Hz，理論上在 10^{-3} 秒的計數時間中數位計數電路應計數 10 次，若脈衝雜訊造成一個計數誤差，則根據計數結果計算出來的訊號頻率為 $(10+1)/10^{-3} = 10^4+10^3$(Hz)，由此可知，若待測訊號的頻率為 10^4Hz，則在 10^{-3} 秒的計數時間中的一個計數誤差將造成 10 %的量測誤差。若待測訊號的頻率為 10^5Hz，理論上在相同的計數時間中數位計數電路應計數 100 次，若脈衝雜訊造成一個計數誤差，則根據計數結果計算出來的訊號頻率為$(100+1)/10^{-3} = 10^5+10^3$ Hz，換言之，若待測訊號的頻率為 10^5Hz，則在 10^{-3} 秒的計數時間中的一個計數誤差將只造成 1 %的量測誤差。

由以上的說明可知，待測訊號與除頻器輸出訊號的頻率相差愈多，量測結果愈準確。然而，當待測訊號的頻率較低時，為了得到比較準確的結果，我們必須將除頻器輸出訊號的頻率調得更低，這樣一來，量測速度就會變慢，通常在這種情況下，我們會採用週期量測模式量測訊號的週期，再將結果換算成頻率，以提高量測的速度與準確性。

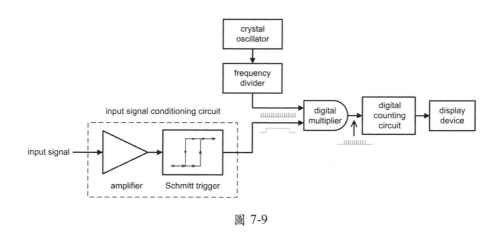

圖 7-9

7.2 週期量測模式

　　當頻率計數器操作於週期量測模式(period measurement mode)時，其系統架構如圖 7-9 所示。基本上，週期量測模式與頻率量測模式的原理大致相同，唯一不同的是在週期量測模式下，我們以施密特觸發電路的輸出訊號作為數位計數電路的開關。當施密特觸發電路輸出訊號的狀態由 logic 0 變為 logic 1 時，數位計數電路就會與除頻器的輸出訊號同步並開始計數，當施密特觸發電路的輸出訊號狀態即將回到 logic 0 時，數位計數電路的計數結果會被記錄下來，等到施密特觸發電路的輸出訊號狀態回到 logic 0，數位計數電路便停止計數。假設除頻器輸出訊號的週期為 T_{CLK}，施密特觸發電路輸出訊號的工作週期為 50%，如果在施密特觸發電路輸出訊號狀態為 logic 1 的半個週期內，數位計數電路總共計數了 n = 10 次，則施密特觸發電路輸出訊號的週期(也就是待測訊號的週期)為 $T = n \times T_{CLK}/50\% = 20 T_{CLK}$，如圖 7-10 所示。

在頻率量測模式下，除頻器的除頻倍數愈多，數位計數電路的計

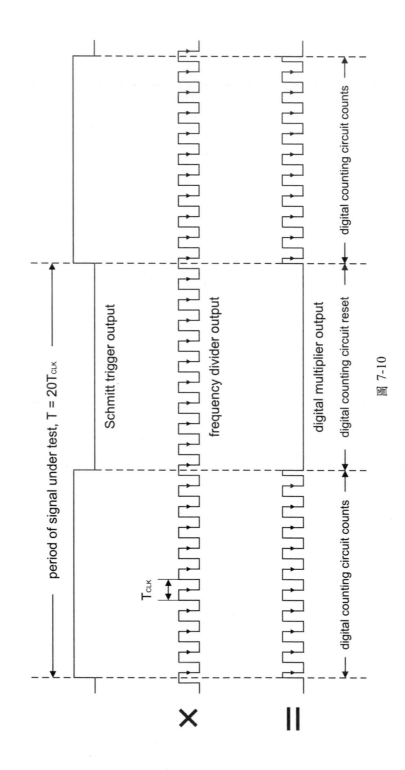

圖 7-10

數時間愈長，量測結果愈準確。相反的，在週期量測模式下，除頻器的除頻倍數愈少，用來表示待測訊號週期的單位 T_{CLK} 愈小，量測解析度愈高。

7.3 造成頻率量測誤差的原因

凡是量測都免不了誤差，頻率的量測也不例外。造成頻率計數器量測誤差的原因可以歸納為兩類，第一類是由儀器本身的不準確度所造成。例如，石英晶體振盪器的輸出訊號頻率會隨環境溫度改變，而除頻器輸出訊號的頻率也會跟著改變，連帶影響數位計數電路的計數時間，雖然變化量不算很大，但如果數位計數電路的計數時間較長或待測訊號的頻率較高，量測誤差就會比較明顯。為簡單計，假設待測訊號的頻率為 5 MHz，且不隨環境溫度改變。若除頻器輸出訊號的頻率為 0.5 Hz，工作週期為 50%，則數位計數電路的計數時間為[1/0.5]×50% = 1 秒。由於待測訊號的週期為 $1/(5×10^6)$ = $2×10^{-7}$ 秒，因此在這 1 秒中，數位計數電路應計數 $1/(2×10^{-7})$ = $5×10^6$ 次。如果石英晶體振盪器的輸出訊號頻率因環境溫度變化而減少了 10 ppm，則除頻器輸出訊號的頻率也會減少 10 ppm，而數位計數電路的計數時間(也就是除頻器輸出訊號週期的一半)就會增為 $1×(1+10×10^{-6})$ = 1.00001 秒。因此，在新的環境溫度條件下，頻率量測結果將變為 $1.00001/(2×10^{-7})$ = $5.00005×10^6$ Hz。

一般用於量測儀器的石英晶體振盪器有室溫型、溫度補償型與恆溫型三種。由於環境溫度會影響石英晶體的大小(熱脹冷縮)，而石英晶體的大小又會影響其共振頻率，因此石英晶體振盪器的輸出訊號頻率會隨環境溫度改變。雖然其他因素(如老化)也會影響石英晶體的共振頻率，不過一般來說，溫度改變所造成的影響最大。室溫型石英晶體振盪器(room temperature crystal oscillator)是最簡單的石英晶體振盪器，由於沒有任何溫度補償的機制，因此其輸出訊號頻率的穩定性較低，只適合在溫度變化不大的環境中使用。溫度補償型石英晶體振盪器(temperature compensated crystal oscillator)的設計方法是先測量由環境溫度改變造成的石英晶體共振頻率變化量，再利用具適當溫度係數(temperature coefficient)的週邊電路元件將此變化量抵消，其實利用這種方法並不能完全排除環境溫度對石英晶體特性的影響，不過仍可以得到比室溫型石英晶體振盪器高的頻率穩定性。恆溫型石英晶體振盪器(oven controlled crystal oscillator)是這三種石英晶體振盪器中輸出訊號頻率穩定性最高也最昂貴的，由於恆溫器(oven)可以使石英晶體的溫度維持不變，因此這種石英晶體振盪器的輸出訊號頻率不會受環境溫度的影響。

造成頻率計數器量測誤差的另一類原因是待測訊號的品質不良。雖然施密特觸發電路的磁滯具有抑制雜訊的功能，不過當輸入訊號所含的雜訊太大時，仍可能導致計數誤差。以圖 7-11 中的正弦波訊號為例，當 $t = t_1$ 時，脈衝雜訊使施密特觸發電路輸入訊號的位準大幅改變並越過門限電壓 V_{TH} 與 V_{TL} 兩次，同時輸出訊號的狀態由 logic 1 變為 logic 0，再回到 logic 1，這種由脈衝雜訊造成的輸出訊號狀態改變就會導致數位計數電路的計數誤差。

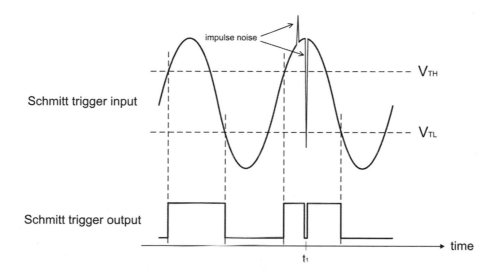

圖 7-11

第七章習題

1. 假設頻率計數器操作於頻率量測模式,除頻器的輸出訊號週期為 0.02 秒,工作週期為 50%。如果在除頻器輸出訊號狀態為 logic 1 的半個週期內,施密特觸發電路的輸出訊號與除頻器輸出訊號間的關係如圖 e7-1 所示,且數位計數電路狀態改變的時間點對應於其輸入訊號的下降邊緣,試計算待測訊號的頻率。

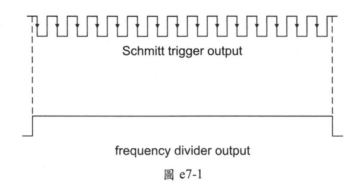

圖 e7-1

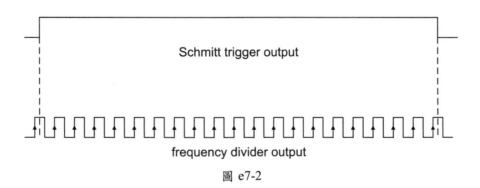

圖 e7-2

2. 假設頻率計數器操作於週期量測模式,除頻器輸出訊號的週期為 1 ms,施密特觸發電路輸出訊號的工作週期為 20%。如果在施密特觸發電路輸出訊號狀態為 logic 1 的五分之一個週期內，施密特觸發電路的輸出訊號與除頻器輸出訊號間的關係如圖 e7-2 所示，且數位計數電路狀態改變的時間點對應於其輸入訊號的上升邊緣，試計算待測訊號的頻率。

3. 大多數的頻率計數器都是以石英晶體振盪器產生的訊號作為除頻器的輸入訊號。假設待測訊號的頻率為 25MHz，且不隨環境溫度改變。當環境溫度為 25°C 時，除頻器輸出訊號的頻率為 0.5 Hz，工作週期為 50%，而當環境溫度增為 70°C 時，石英晶體振盪器的輸出訊號頻率較環境溫度為 25°C 時減少了 12 ppm。試估算當環境溫度分別為 25°C 與 70°C 時的頻率量測結果。

4. 一般用於量測儀器的石英晶體振盪器有哪三種？在這三種石英晶體振盪器中，哪一種只適合在溫度變化不大的環境中使用？哪一種的輸出訊號頻率穩定性最高？

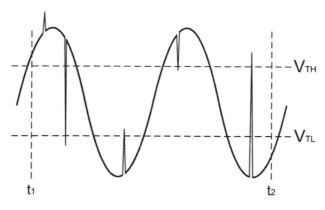

圖 e7-5

5. 頻率計數器中的施密特觸發電路具有抑制雜訊的功能。施密特觸發電路的門限電壓差($V_{TH} - V_{TL}$)愈大,其抑制雜訊的能力愈好。假設頻率計數器輸入正弦波訊號受到脈衝雜訊干擾,而在 $t = t_1$ 到 $t = t_2$ 這段期間,施密特觸發電路輸入訊號的波形如圖 e7-5 所示,則在這段期間數位計數電路應計數幾次(假設數位計數電路狀態改變的時間點對應於其輸入訊號的下降邊緣)?

附錄　　取樣函數的傅立葉轉換

取樣函數 $s(t) = \sum\limits_{k=-\infty}^{\infty} \delta(t - kT_1)$ 為一週期性函數，其週期為 T_1，根據

(1.2)式，其傅立葉係數為

$$a_0 = \frac{1}{T_1} \int_{-T_1/2}^{T_1/2} \left[\sum_{k=-\infty}^{\infty} \delta(t - kT_1) \right] dt = \frac{1}{T_1} \int_{-T_1/2}^{T_1/2} \delta(t) dt = \frac{1}{T_1}$$

$$a_n = \frac{2}{T_1} \int_{-T_1/2}^{T_1/2} \left[\sum_{k=-\infty}^{\infty} \delta(t - kT_1) \right] \cos\left(\frac{2n\pi t}{T_1} \right) dt$$

將積分運算與累加運算的順序對調，可得

$$a_n = \frac{2}{T_1} \sum_{k=-\infty}^{\infty} \left[\int_{-T_1/2}^{T_1/2} \delta(t - kT_1) \cos\left(\frac{2n\pi t}{T_1} \right) dt \right]$$

$$= \frac{2}{T_1} \sum_{k=-\infty}^{\infty} \left[\int_{-T_1/2}^{T_1/2} \delta(t) \cos\left(\frac{2n\pi t}{T_1} \right) dt \right]$$

$$= \frac{2}{T_1} \sum_{k=-\infty}^{\infty} \cos(0) = \frac{2}{T_1}$$

$$b_n = \frac{2}{T_1} \int_{-T_1/2}^{T_1/2} \left[\sum_{k=-\infty}^{\infty} \delta(t - kT_1) \right] \sin\left(\frac{2n\pi t}{T_1} \right) dt$$

將積分運算與累加運算的順序對調，可得

$$b_n = \frac{2}{T_1} \sum_{k=-\infty}^{\infty} \left[\int_{-T_1/2}^{T_1/2} \delta(t - kT_1) \sin\left(\frac{2n\pi t}{T_1} \right) dt \right]$$

$$= \frac{2}{T_1} \sum_{k=-\infty}^{\infty} \left[\int_{-T_1/2}^{T_1/2} \delta(t)\sin\left(\frac{2n\pi t}{T_1}\right)dt \right]$$

$$= \frac{2}{T_1} \sum_{k=-\infty}^{\infty} \sin(0) = 0$$

因此，我們可以將取樣函數表示為

$$s(t) = \frac{1}{T_1} + \sum_{n=1}^{\infty} \left[\frac{2}{T_1}\cos\left(\frac{2n\pi t}{T_1}\right) \right]$$

因為 $\cos\left(\dfrac{2n\pi t}{T_1}\right) = \dfrac{1}{2}\left[\exp(j\dfrac{2n\pi t}{T_1}) + \exp(-j\dfrac{2n\pi t}{T_1})\right]$，所以上式可以改

寫成

$$s(t) = \frac{1}{T_1} \sum_{n=-\infty}^{\infty} \exp(j\frac{2\pi n t}{T_1})$$

我們已經知道如何利用傅立葉級數來表示取樣函數。如果想進一步得到取樣函數 s(t) 的傅立葉轉換 S(f)，只要將取樣函數的傅立葉級數代入傅立葉轉換的定義式中即可，其推導過程如下

$$S(f) = \int_{-\infty}^{\infty} [\frac{1}{T_1} \sum_{n=-\infty}^{\infty} \exp(j\frac{2n\pi t}{T_1})] \cdot \exp(-j2\pi ft)dt$$

$$= \frac{1}{T_1} \sum_{n=-\infty}^{\infty} \int_{-\infty}^{\infty} \exp[-j2\pi(f - \frac{n}{T_1})t]dt$$

$$= \frac{1}{T_1} \sum_{n=-\infty}^{\infty} \delta(f - \frac{n}{T_1}) \,(常數函數\ 1\ 的傅立葉轉換為\ \delta(f))$$

習題解答

第一章

1. 通常我們利用傅立葉級數來表示週期性訊號，至於傅立葉轉換則多用於非週期性暫態訊號的分析。

2. 129

3.

time	A/D converter output
t_1	1011
t_2	1110
t_3	1111
t_4	1111
t_5	1111
t_6	1100
t_7	1001

4. 取樣電路輸入訊號的頻寬應小於 4 kHz

第二章

1. 類比式電表以指針顯示測量結果，往往不同的測試人員對同一測量結果的判讀會不一樣，此為其最大的缺點。

2. 1MΩ

3.

將 $v(t) = V_{peak} \cdot \sin(\frac{2\pi t}{T})$ 代入 $V_{RMS} = \sqrt{\frac{1}{T} \int_0^T v(t)^2 \, dt}$ 中，可得

$$V_{RMS} = \sqrt{\frac{1}{T} \int_0^T V_{peak}^2 [\sin(\frac{2\pi t}{T})]^2 \, dt} = \sqrt{V_{peak}^2 \cdot \frac{1}{T} \int_0^T [\sin(\frac{2\pi t}{T})]^2 \, dt}$$

$$= \sqrt{V_{peak}^2 \cdot \frac{1}{(T/2)} \int_0^{T/2} [\sin(\frac{2\pi t}{T})]^2 \, dt} \quad (正弦函數平方後，週期減半)$$

根據 $[\sin(x)]^2 = \dfrac{1 - \cos(2x)}{2}$ ，根號中的定積分可以改寫成

$$\frac{1}{2} \int_0^{T/2} [1 - \cos(\frac{4\pi t}{T})] dt = \frac{1}{2} [t - \frac{T}{4\pi} \sin(\frac{4\pi t}{T})] \Big|_0^{T/2} = \frac{T}{4}$$

所以 $V_{RMS} = \sqrt{\dfrac{V_{peak}^2}{(T/2)} \cdot \dfrac{T}{4}} = \dfrac{V_{peak}}{\sqrt{2}}$

4. 均值法及峰值法只能用來量測理想正弦波訊號的均方根值

5. 當待測電阻為 10Ω 時，量測誤差為 10 %；當待測電阻為 100Ω 時，量測誤差為 1 %。

第三章

1. 當頻率控制訊號為 1 時，輸出正弦波訊號的頻率為 500 Hz；當
頻率控制訊號為 20 時，輸出正弦波訊號的頻率為 10 kHz。

2. 19.823 dBm

3. -20 ppm

4. 3.05 %

5. 上升時間與下降時間均為 20 ns

第四章

1. 不可以。由於等效時間取樣示波器的取樣過程無法在一個待測訊號週期內完成，因此待測訊號必須是週期性訊號，我們才有機會在不同的訊號週期內針對訊號的各個部分取樣以得到完整的波形資料。

2.

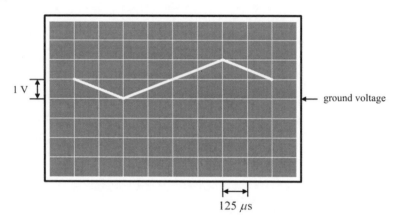

3. (1) 示波器的輸入電路與探針電容並聯後的等效阻抗為

$$Z_{eq} = R_{in} // \frac{1}{s(C_{in} + C_{probe})} = \frac{\dfrac{R_{in}}{s(C_{in} + C_{probe})}}{R_{in} + \dfrac{1}{s(C_{in} + C_{probe})}} = \frac{R_{in}}{1 + s(C_{in} + C_{probe})R_{in}}$$

分壓比 $\dfrac{V_{in}}{V_S} = \dfrac{Z_{eq}}{R_S + Z_{eq}} = \dfrac{\dfrac{R_{in}}{1 + s(C_{in} + C_{probe})R_{in}}}{R_S + \dfrac{R_{in}}{1 + s(C_{in} + C_{probe})R_{in}}}$

分子分母同乘以 $1 + s(C_{in} + C_{probe})R_{in}$，可得

$$\frac{V_{in}}{V_S} = \frac{R_{in}}{R_S[1 + s(C_{in} + C_{probe})R_{in}] + R_{in}}$$

$$= \frac{R_{in}}{R_{in} + R_S + s(C_{in} + C_{probe})R_{in}R_S}$$

分子分母同除以 $R_{in} + R_S$，可得

$$\frac{V_{in}}{V_S} = \frac{\dfrac{R_{in}}{R_{in} + R_S}}{1 + s(C_{in} + C_{probe}) \cdot \dfrac{R_{in}R_S}{R_{in} + R_S}} = \frac{\dfrac{R_{in}}{R_{in} + R_S}}{1 + s(C_{in} + C_{probe})(R_{in} // R_S)}$$

3. (2) 當 V_S 的頻率為 5 MHz 時，V_{in} 的均方根值為 1.4988V；當 V_S 的頻率為 500 MHz 時，V_{in} 的均方根值為 0.3702V。

4. (1) 分壓比 $\dfrac{V_{out}}{V_{in}} = \dfrac{\dfrac{1}{sC}}{R + \dfrac{1}{sC}} = \dfrac{1}{1 + sRC} = \dfrac{1}{1 + s/\omega_{3dB}}$ $(\omega_{3dB} = \dfrac{1}{RC})$

4. (2) $V_{out}(t) = [1 - \exp(-\omega_{3dB} \cdot t)]$, $t \geq 0$

假設當 $t = t_1$ 時，V_{out} 為 0.1V，則由 $0.1 = 1 - \exp(-\omega_{3dB} \cdot t_1)$ 可計算出 $t_1 = \dfrac{0.1}{\omega_{3dB}}$

假設當 $t = t_2$ 時，V_{out} 為 0.9V，則由 $0.9 = 1 - \exp(-\omega_{3dB} \cdot t_2)$ 可計算出 $t_2 = \dfrac{2.3}{\omega_{3dB}}$

上升時間 $t_{rise} = t_2 - t_1 = \dfrac{2.2}{\omega_{3dB}}$

第五章

1. 示波器的主要功能是讓我們觀察訊號電壓隨時間變化的情形，
   至於頻譜分析儀則可以幫助我們分析訊號的頻域特性。

2. 解析頻寬必須小於 1 kHz

3. 15kHz 的頻率成分

4. 由於數位式頻譜分析儀內部電路的運算能力有限，加上如果取
   樣資料筆數太多，量測速度就會因取樣時間增加而變慢，因此
   必須限制用來計算離散傅立葉轉換的取樣資料筆數。

5. 圖 e5-5(a)

第六章

1. 邏輯分析儀的輸入訊號通道數較多，適合分析複雜的數位訊號邏輯狀態。示波器的輸入訊號通道數較少，適合分析類比與數位訊號的波形。

2. 邏輯分析儀的探針電容愈大，量測時間延遲誤差愈大，因此，當我們使用邏輯分析儀時，應儘量選用電容值較小的探針，以提高量測結果的準確性。

3. 如果選擇時序分析模式，取樣電路就會以邏輯分析儀的內部時鐘為參考時鐘運作，而在狀態分析模式下，取樣電路的運作將會與來自待測系統的時鐘同步。

4.

time	result in binary $(D_3D_2D_1D_0)$	result in hex
6ms ~ 7ms	0111	7
7ms ~ 8ms	1000	8
8ms ~ 9ms	0011	3
9ms ~ 10ms	0001	1
10ms ~ 11ms	1100	C
11ms ~ 12ms	1110	E
12ms ~ 13ms	0011	3
13ms ~ 14ms	0011	3
14ms ~ 15ms	1100	C
15ms ~ 16ms	1110	E

5. 當 $t = 26\,ms$ 時，觸發控制電路可以比對出符合觸發條件的資料。

第七章

1. 1500 Hz

2. 10 Hz

3. 當環境溫度為 25°C 時，頻率量測結果為 25,000,000 Hz；當環境溫度為 70°C 時，頻率量測結果為 25,000,300 Hz。

4. 一般用於量測儀器的石英晶體振盪器有室溫型、溫度補償型與恆溫型三種。室溫型石英晶體振盪器只適合在溫度變化不大的環境中使用。恆溫型石英晶體振盪器的輸出訊號頻率穩定性最高。

5. 四次

參考資料

[1] ABCs of DMMs. Fluke Corporation, 2002.

[2] C. Kitchin and L. Counts, RMS to DC Conversion Application Guide, 2nd Ed.. Analog Devices, Inc., 1986.

[3] An Overview of Signal Source Technology and Applications. Tektronix, Inc., 2000.

[4] A Technical Tutorial on Digital Signal Synthesis. Analog Devices, Inc., 1999.

[5] Introduction to Direct Digital Synthesis. Intel Corporation, 1991.

[6] XYZs of Oscilloscopes. Tektronix, Inc., 2001.

[7] ABCs of Probes. Tektronix, Inc., 1998.

[8] The Effect of Probe Input Capacitance On Measurement Accuracy. Tektronix, Inc., 1996.

[9] Spectrum Analysis Basics. Hewlett-Packard Company, 1998.

[10] LabVIEW Measurements Manual. National Instruments Corporation, 2000.

[11] The Fundamentals of Signal Analysis. Agilent Technologies, 2000.

[12] R. A. Witte, Spectrum and Network Measurements. Noble Publishing Corporation, 2001.

[13] The XYZs of Logic Analyzers. Tektronix, Inc., 2001.

[14] Probing Solutions for Logic Analyzers. Agilent Technologies, 2003.

[15] Fundamentals of the Electronic Counters. Hewlett-Packard Company, 1997.

[16] Understanding Frequency Accuracy in Crystal Controlled Instruments. Anritsu Corporation, 2001.

[17] S. A. Dyer, Wiley Survey of Instrumentation and Measurement. Wiley-IEEE Press, 2001.

[18] R. A. Witte, Electronic Test Instruments: Analog and Digital Measurements, 2nd Ed.. Prentice Hall, 2002.

[19] E. B. Carne, Telecommunications Topics: Applications of Functions and Probabilities in Electronic Communications. Prentice Hall, 1999.

[20] L. D. Jones, and A. F. Chin, Electronic Instruments and Measurements, 2nd Ed.. Prentice Hall, 1991.

[21] J. J. Carr, Elements of Electronic Instrumentation and Measurement, 2nd Ed.. Prentice Hall, 1986.

[22] A. S. Morris, The Essence of Measurement. Prentice Hall, 1996.

專有名詞中英對照(依章節順序)

第一章 一些基礎概念

時域(time domain)

頻域(frequency domain)

頻率成分(frequency component)

傅立葉級數(Fourier series)

傅立葉轉換(Fourier transform)

週期性(periodic)

暫態(transient)

傅立葉係數(Fourier coefficient)

方波(square wave)

正弦波(sine wave)

基頻(fundamental frequency)

三次諧波(third harmonic)

五次諧波(fifth harmonic)

頻寬(bandwidth)

頻譜(spectrum)

脈衝(pulse)

離散傅立葉轉換(Discrete Fourier transform, DFT)

離散時間訊號(discrete time signal)

連續時間訊號(continuous time signal)

數位化(digitization)

數位電信網路(digital telecommunication network)

取樣(sampling)

類比/數位轉換(A/D conversion)

取樣電路(sampling circuit)

類比/數位轉換器(A/D converter)
取樣開關(sampling switch)
放電開關(discharging switch)
取樣函數(sampling function)
數位/類比轉換器(D/A converter)
卷積運算(convolution)
取樣定理(sampling theorem)
頻率混疊(frequency aliasing)
低通濾波器(low pass filter)
截止頻率(cutoff frequency)

第二章 三用電表

類比電流計(galvanometer)
引線(lead)
線圈(coil)
永久磁鐵(permanent magnet)
指針(pointer)
恢復彈簧(restoring spring)
刻度(scale)
類比電壓計(analog voltmeter)
負載效應(loading effect)
類比歐姆計(analog ohmmeter)
待測電阻(resistance under test)
數位式三用電表(digital multimeter, DMM)
電壓量測電路(voltage measuring circuit)
輸入訊號調節電路(input signal conditioning circuit)
顯示器電路(display circuit)
液晶顯示器(liquid crystal display, LCD)

輸入分壓器(input voltage divider)

交/直流電壓轉換器(AC/DC voltage converter)

滿刻度(full scale)

雙斜率型類比/數位轉換器(dual slope A/D converter)

計數器(counter)

控制電路(control circuit)

均值法(average method)

峰值法(peak method)

真均方根值法(true RMS method)

全波整流器(full-wave rectifier)

峰值檢測器(peak detector)

乘法器(multiplier)

雜訊(noise)

平方及除法器(squarer/divider)

求平均值電路(averaging circuit)

電流量測電路(current measuring circuit)

待測電流(current under test)

靈敏度(sensitivity)

固定電流源(constant current source)

電阻量測電路(resistance measuring circuit)

兩線電阻量測法(2-wire ohms measuring method)

四線電阻量測法(4-wire ohms measuring method)

第三章 訊號產生器

訊號產生器(signal generator)

線性度(linearity)

直接數位合成(direct digital synthesis)

波形記憶體(waveform memory)

位址計數器(address counter)

參考時鐘(reference clock)

相位/振幅資料轉換器(phase-to-amplitude converter)

相位累加器(phase accumulator)

頻率控制訊號(frequency control signal)

任意波形訊號產生器(arbitrary waveform generator)

比較器(comparator)

電壓控制振盪器(voltage controlled oscillator)

門限電壓(threshold voltage)

工作週期(duty cycle)

三角波(triangular wave)

斜率(slope)

對數(logarithm)

開路輸出電壓(open circuit output voltage)

輸出電阻(output resistance)

負載電阻(load resistance)

老化(aging)

頻率準確度(frequency accuracy)

百萬分之一(parts per million, ppm)

百分率(percent)

總諧波失真(total harmonic distortion, THD)

線性(linear)

非線性(nonlinear)

上升時間(rise time)

下降時間(fall time)

第四章 示波器

示波器(oscilloscope)

電子束(electron beam)

陰極射線管(cathode ray tube, CRT)

電子槍(electron gun)

偏向板(deflection plate)

偏向電壓(deflecting voltage)

磷膜(phosphor coating)

螢光物質(fluorescent material)

垂直放大器(vertical amplifier)

鋸齒波(sawtooth wave)

觸發電路(trigger circuit)

水平放大器(horizontal amplifier)

視覺暫留(persistence of vision)

即時取樣(real-time sampling)

處理器(processor)

等效時間取樣(equivalent-time sampling)

電壓刻度(volts per division, volts/div)

時間刻度(seconds per division, scc/div)

觸發點(trigger point)

直流耦合(DC coupling)

交流耦合(AC coupling)

接地電壓(ground voltage)

直流濾波器(DC filter)

待測系統(system under test, SUT)

特性阻抗(characteristic impedance)

橋接模式(bridge mode)

終端模式(termination mode)

探針(probe)

被動式電壓探針(passive voltage probe)

高壓探針(high voltage probe)

差動式電壓探針(differential voltage probe)

一比一探針(1:1 probe)

探針電容(probe capacitance)

十倍衰減探針(10:1 attenuating probe)

第五章 頻譜分析儀

頻譜分析儀(spectrum analyzer)

語音頻帶(voice band)

濾波器組頻譜分析儀(bank-of-filters spectrum analyzer)

帶通濾波器(bandpass filter)

位準計(level meter)

通帶(passband)

超外差式頻譜分析儀(super-heterodyne spectrum analyzer)

可調式帶通濾波器(tunable bandpass filter)

本地振盪器(local oscillator)

離散傅立葉轉換運算電路(DFT computing circuit)

視窗訊號(window signal)

頻譜洩漏(spectral leakage)

時間記錄(time record)

解析頻寬(resolution bandwidth)

動態範圍(dynamic range)

視訊頻寬(video bandwidth)

第六章 邏輯分析儀

通道(channel)

邏輯分析儀(logic analyzer)

插槽(socket)

時序分析(timing analysis)

狀態分析(state analysis)

最高有效位元(most significant bit)

十六進位(hexadecimal)

觸發控制電路(trigger control circuit)

記憶體寬度(memory width)

記憶體深度(memory depth)

最低有效位元(least significant bit)

先進先出(first in first out, FIFO)

觸發事件(trigger event)

微處理器(microprocessor)

程式指令(program instructions)

原始程式碼(source code)

第七章 頻率計數器

頻率計數器(frequency counter)

頻率量測模式(frequency measurement mode)

數位計數電路(digital counting circuit)

施密特觸發電路(Schmitt trigger)

磁滯(hysteresis)

磁滯的大小(magnitude of hysteresis)

除頻器(frequency divider)

數位乘法器(digital multiplier)

重置(reset)

脈衝雜訊(impulse noise)

週期量測模式(period measurement mode)

室溫型石英晶體振盪器(room temperature crystal oscillator)

溫度補償型石英晶體振盪器(temperature compensated crystal

oscillator)

溫度係數(temperature coefficient)

恆溫型石英晶體振盪器(oven controlled crystal oscillator)

恆溫器(oven)

國家圖書館出版品預行編目

常用電子量測儀器原理 / 孫航永作. -- 一版.
-- 臺北市 ：秀威資訊科技, 2005[民 94]
面；　公分. -- (應用科學類；AB0006)
參考書目:面
ISBN 978-986-7614-97-1(平裝)

1. 電儀器 2. 測量－儀器

448.12　　　　　　　　　　　94001582

應用科學類　　AB0006

常用電子量測儀器原理

作　　者 / 孫航永
發 行 人 / 宋政坤
執行編輯 / 林秉慧
圖文排版 / 張慧雯
封面設計 / 莊芯媚
數位轉譯 / 徐真玉　沈裕閔
圖書銷售 / 林怡君
網路服務 / 徐國晉
出版印製 / 秀威資訊科技股份有限公司
　　　　　台北市內湖區瑞光路 583 巷 25 號 1 樓
　　　　　電話：02-2657-9211　　　傳真：02-2657-9106
　　　　　E-mail：service@showwe.com.tw
經 銷 商 / 紅螞蟻圖書有限公司
　　　　　台北市內湖區舊宗路二段 121 巷 28、32 號 4 樓
　　　　　電話：02-2795-3656　　　傳真：02-2795-4100
　　　　　http://www.e-redant.com

2006 年 7 月 BOD 再刷
定價：270 元

讀 者 回 函 卡

感謝您購買本書,為提升服務品質,請填妥以下資料,將讀者回函卡直接寄
回或傳真本公司,收到您的寶貴意見後,我們會收藏記錄及檢討,謝謝!
如您需要了解本公司最新出版書目、購書優惠或企劃活動,歡迎您上網查詢
或下載相關資料:http:// www.showwe.com.tw

您購買的書名:_____

出生日期:_____年_____月_____日

學歷:□高中 (含) 以下　　□大專　　□研究所 (含) 以上

職業:□製造業　□金融業　□資訊業　□軍警　□傳播業　□自由業
　　　□服務業　□公務員　□教職　□學生　□家管　□其它

購書地點:□網路書店　□實體書店　□書展　□郵購　□贈閱　□其他
您從何得知本書的消息?

　　□網路書店　□實體書店　□網路搜尋　□電子報　□書訊　□雜誌
　　□傳播媒體　□親友推薦　□網站推薦　□部落格　□其他_____

您對本書的評價:(請填代號　1.非常滿意　2.滿意　3.尚可　4.再改進)

　　封面設計____　版面編排____　內容____　文／譯筆____　價格____

讀完書後您覺得:

　　□很有收穫　□有收穫　□收穫不多　□沒收穫

對我們的建議:_____

_____

_____

_____

11466
台北市內湖區瑞光路 76 巷 65 號 1 樓

秀威資訊科技股份有限公司　　　收

BOD 數位出版事業部

....

（請沿線對折寄回，謝謝！）

姓　　名：＿＿＿＿＿＿＿＿　年齡：＿＿＿＿　性別：□女　□男

郵遞區號：□□□□□

地　　址：＿＿＿＿＿＿＿＿＿＿＿＿＿＿＿＿＿＿＿＿＿

聯絡電話：(日) ＿＿＿＿＿＿＿＿＿＿＿　(夜) ＿＿＿＿＿＿＿＿＿＿

E - m a i l：＿＿＿＿＿＿＿＿＿＿＿＿＿＿＿＿＿＿